印刷设计与工艺

第三版

高职高专艺术学门类
"十四五"规划教材

职业教育改革成果教材

主　编　万良保
副主编　熊　伟　梁　丹　李彦琦　陈先强
参　编　彭　泽　谭小贝　李亚萍　何雪苗

A R T D E S I G N

华中科技大学出版社
http://www.hustp.com
中国·武汉

内 容 简 介

　　本书包括印刷概论、印前技术、印前处理、印刷材料、印刷工艺与设备、印后加工、印刷业务知识、平面设计实例与欣赏等方面的内容。本书不仅包括印刷设计与工艺的理论知识,而且包括相关实践知识,分别在每个章节中融入具体的印刷设计与工艺的基础知识,让学生掌握必要的基本知识和技能,实现在做中学、在学中做。

图书在版编目(CIP)数据

印刷设计与工艺/万良保主编. —3 版. —武汉:华中科技大学出版社,2020.9(2024.8 重印)
ISBN 978-7-5680-6640-2

Ⅰ.①印… Ⅱ.①万… Ⅲ.①印刷-工艺设计 Ⅳ.①TS801.4

中国版本图书馆 CIP 数据核字(2020)第 178285 号

印刷设计与工艺(第三版) 　　　　　　　　　　　　　　　　　　万良保　主编
Yinshua Sheji yu Gongyi (Di-san Ban)

策划编辑:彭中军
责任编辑:段亚萍
封面设计:优　优
责任监印:朱　玢
出版发行:华中科技大学出版社(中国·武汉)　　　电话:(027)81321913
　　　　　武汉市东湖新技术开发区华工科技园　　　邮编:430223
录　　排:华中科技大学惠友文印中心
印　　刷:武汉科源印刷设计有限公司
开　　本:880 mm×1230 mm　1/16
印　　张:8.5
字　　数:271 千字
版　　次:2024 年 8 月第 3 版第 4 次印刷
定　　价:49.00 元

前言
Preface

　　印刷设计与工艺是高职高专院校艺术设计专业的重要课程。编者在多年的一线工作实践和教学实践中发现,过去大多数院校的学生在学习印刷设计与工艺的过程中,最欠缺的是设计观念的转变和设计思维的训练,且没有掌握印刷设计与工艺的规律,因此在实际设计中力不从心,难以掌握印刷设计与工艺的要领。编者结合多年的工作和教学经验来编写本书,希望可以通过一种新的思维和做法让学生掌握印刷设计与工艺的知识和具体规律,从而培养学生的思维能力和实践能力。

　　本书编写的目的是推动印刷设计与工艺教学的实践和改革,在具体课程中力求加强思维训练,加强印刷设计与工艺的实践、创造训练,采用基于实践的方式提高学生的能力和水平。

　　本书总结了教学经验,优化了课程结构,紧紧抓住教学的特点,系统地组织了印刷设计与工艺的具体内容,使具体内容适应时代的需求,使印刷设计与工艺的教学更科学、更实用、更强调掌握规律和培养能力,从而更好地实施素质教育。

　　本书在编写过程中,得到了相关院校领导和老师的大力支持和帮助,参考了国内外相关的论文、专著及图片,在此对相关人员一并表示感谢!由于编者水平有限,不当之处在所难免,敬请读者批评指正!

编　者
2020 年 8 月

目录
Contents

Yinshua Sheji yu Gongyi

第一章

印刷概论

中国的文字记载方式与印刷术的发明,使知识得到广泛传播,使每个阶段的历史及珍贵的经典得以千载流传,在人类的发展历史上占有特殊地位,并产生了巨大的影响。印刷术被称为"文明之母",它记载了人类历史发展的真实过程,使人类文化得以更好发展。因此,印刷术是对世界文明的伟大贡献,同时,也是中国人的骄傲。在近现代,社会生产力的迅猛发展和科学技术的不断进步,使印刷技术有了更高的科技含量和飞速的发展。印刷业已经成为现代社会各个领域不可替代的行业,是现代人类在文化、科学、技术、信息、贸易等方面的有力工具,更是促进社会文明发展的重要手段,并使人类历史发展过程中的珍贵文献积厚流光。

第一节
印刷技术发展简史

一、印刷术的起源

人类对历史变迁和历史真相的了解,很多都依靠历史所记载的资料。在原始社会,人们起初通过手势来交流和表达思想感情。20万年前,人们开始使用语言进行思想表达,但由于语言一瞬即逝,难以将要表达的信息传递到更大的范围,也无法将要表达的内容进行保存,更难以传播久远,于是,人类发明了文字,通过文字的记载,可将信息长久地保留和传递。汉字形成的过程是一个漫长的过程。从古代的结绳记事开始,逐步形成了象形文字,经过长期的不断演变和在生产、生活过程中的发展,文字慢慢形成了。从最早的殷商时代的甲骨文、周朝的钟鼎文,再到秦朝统一文字,文字逐渐规范。文字的发明是人类文明的一大进步,文字能使语言信息准确、完整、形象地重现。汉字的发明及广泛运用,为印刷术的发明奠定了坚实的基础,并为以后的刻石、刻木、抄书、印书创造了有利的条件。结绳记事如图1-1所示,象形文字的前身和象形文字如图1-2所示,甲骨文如图1-3所示。

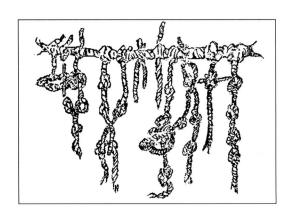

图1-1 结绳记事

会意	e	斗	獵	(獸)狩	乳	象形字组合表动作
	f	暮	明	聿	史	象形字组合表意义
	g	上	下			指示位置
形声	h	骤	祀	妊	洹	象形加音符表示新意
	i	來	(鳳)风			同音字表另意
		1　　2	3　　4	5　　6	7　　8	

图 1-2　象形文字的前身和象形文字

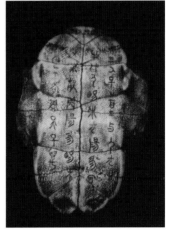

图 1-3　甲骨文

　　笔、纸、墨的相继发明，为创造文字打下了物质基础。毛笔是我国最早发明的也是使用时间最长的笔。在印刷术发明前的 1000 多年，中国就出现了毛笔，当时是用兔毫、细竹制成的。人们利用有色物料在竹简、丝帛之类的载体上写画。公元 2 世纪初期，在东汉和帝年间，蔡伦总结了前人的经验，选用树皮、麻头、破布等为造纸原料，制造出了植物纤维纸，人称"蔡侯纸"。

　　纸张具有轻便柔软、韧性良好、携带方便、书写流畅、价格便宜等特点，因此，很快取代了笨拙的竹简及昂贵的丝帛而成为书写载体。公元 3 世纪，我国制成了烟炱墨。烟炱墨用松烟和动物胶配制而成，易溶而不洇，色浓而不脱，为书写和印刷提供了合适的材料。

　　在笔、墨、纸发明之前，印章就已经出现。印章就是人们所说的图章。印章首先需要进行雕刻，雕刻过程实际就是制版的过程。初期印章只作为信凭之用，面积很小，只能雕刻姓名或官衔。在公元 4 世纪的晋朝出现了面积较大的印章，雕刻文字可达 120 字。实际上，这就起到了将短文进行复制的作用。早期的印章是雕刻凹入正写的阴文，印在泥土上，呈现的是凸起的反写的阳文，再印在纸上是白底黑字的正写文字。这种从反写阳文到正写文字的复制方法，已经孕育了雕版印刷术。

　　公元 4 世纪左右，我国发明了用纸在石碑上捶拓的方法，这种方法就是拓印。在秦朝，秦始皇出巡喜欢

刻石记功。在汉灵帝熹平四年(公元 175 年),著名的《熹平石经》问世,当时中郎蔡邕等人奉命编写儒家经典并雕刻了 46 块石碑,然后再用拓印的方法把石碑上的文字拓印下来,也称碑帖,作为书籍和校正经文使用。

印章和拓石的出现以及广泛应用,是印刷术的萌芽。印章实例如图 1-4 所示,汉代造纸工艺图如图 1-5 所示,古代拓石如图 1-6 所示。

图 1-4　印章实例

图 1-5　汉代造纸工艺图

图 1-6　古代拓石

二、雕版印刷

我国最早发明的是雕版印刷术,雕版印刷术的使用时间也是最长的。雕版印刷术的出现,标志着印刷术的诞生。后唐明宗长兴三年(公元 932 年),宰相冯道奏请朝廷获准,开始印制我国历史上第一部官方刻印书籍《九经》,历时 20 余年。在明朝史学家邵经邦所著的《弘简录》中,有唐太宗"梓行"长孙皇后所撰《女则》十篇的记载,其中的"梓行"就是指雕版印刷。唐代王阶刻的《金刚经》首页如图 1-7 所示,古代雕版印刷作坊如图 1-8 所示。

图 1-7　唐代王阶刻的《金刚经》首页　　　　　图 1-8　古代雕版印刷作坊

雕版印刷的过程,是在木板上雕刻文字和图像,再经过刷墨、铺纸、加压后得到一个复制品的工艺过程。材料一般采用硬度较强的木材,通过锯开、刨平、刷糨糊,把写好字的透明薄纸贴在木板上,文字、图像朝下,待干燥后再雕刻出反向凸起的文字及图像,经过在版面上刷墨、铺纸、加压后得到正写的文字、图像印刷制品。

宋代,雕版印刷术已相当发达,从官方到民间,从京都到边远城镇都有刻书行业。官方刻书以儒家经典为主,涉及地理、医药、农业、天文算法等方面的经典。民间刻书称为"家刻本"或"家塾本",刻工除翻刻经文以外,以文集居多,以营利为目的。书坊刻印书一般作为商品流通,书坊主拥有自己的写工、刻工和印工。有的书坊主以刻书为业,甚至代代相承。因此,当时各种官刻本、私刻本、坊刻本纷纷出现,极为兴隆。历史巨著《资治通鉴》就是在这个时期刻印问世的。《资治通鉴》刻印本如图 1-9 所示。

世界上最早的印刷纸币——交子如图 1-10 所示。

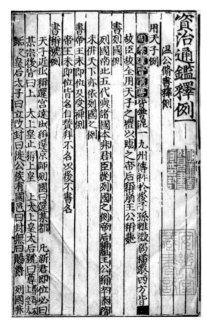

图 1-9　《资治通鉴》刻印本　　　　　图 1-10　世界上最早的印刷纸币——交子

宋代是我国印刷发展的高峰期。约 1090 年,在木刻的基础上又发明了一种快速雕版印刷法——蜡印。蜡版的印刷方法是将蜂蜡掺和松脂融化后,在木板上轻轻地涂上一层,待蜡质硬化后在蜡版上用刀刻字,在

蜡版上刻字比在木板上刻字轻松得多。因此,蜡雕版印刷方法的效率大大高于木雕版印刷方法的效率。从此,我国印刷事业又前进了一步。

蜡版印刷只是雕版印刷的一种,只不过板材不是通常所用的枣木或梨木,而是在木板上涂上蜡而已。蜡可以快速刻出字来,所以朝廷重要消息和命令,要求立即张贴示众的,常常采用蜡版印刷。宋代蜡版印刷如图 1-11 所示。

图 1-11　宋代蜡版印刷

三、活字印刷

宋朝仁宗庆历年间(公元 1041—1048 年),平民毕昇发明了胶泥活字印刷术,创造了世界上第一副胶泥活字。毕昇如图 1-12 所示,他发明的泥活字印刷如图 1-13 所示。

图 1-12　毕昇

图 1-13　毕昇发明的泥活字印刷

活字印刷术的发明是我国劳动人民对人类文明的又一次伟大贡献。活字印刷术具有明显的优越性,既经济又方便,因而逐渐取代了雕版印刷术。

元代元贞二年(公元 1296 年),王祯在发明木活字的基础上,又发明了转轮排字架,将木制的单字分别排放在韵轮和杂字轮两个转轮排字盘上,在排版时,一人按文稿内容念出字韵,另一个人在两个转轮间按字韵拣字,大大减轻了劳动强度并提高了生产效率。尤其重要的是王祯将制造木活字、拣字、排字、印刷的全部过程都系统地总结和记载下来,并编写成一本《造活字印书法》。这本书是世界上最早讲述活字印刷术的专门文献。木活字排版法如图 1-14 所示。明清两代木活字非常流行,清政府曾用木活字印成《武英殿聚珍版丛书》2 300 多卷。

明孝宗弘治年间(15 世纪末期),无锡人华燧首创铜活字,并使用铜活字印制了《宋诸臣奏议》等书籍,这也是现存最早的铜活字的书本。

元代蝴蝶装书籍《梦溪笔谈》如图 1-15 所示。

 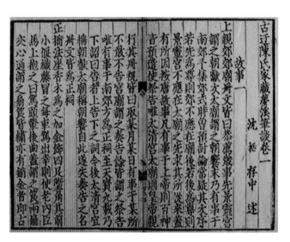

图 1-14　木活字排版法　　　　图 1-15　元代蝴蝶装书籍《梦溪笔谈》

四、套版印刷

套版印刷术的发明是我国印刷技术的又一大进步,后在此基础上进一步创造出了饾版印刷,印刷开始进入彩印时代。套版就是按原稿分割出几块印版,用不同颜色的色料,分别套印在同一张纸面上。饾版是按照原稿不同颜色分割出若干块印版,刷墨有深有浅,叠印在同一张纸面上。因饾印版非常零碎,像陈列的食品饾饾,故称饾版。饾版根据原稿画面效果的颜色不同、深浅不同,使用的雕版数量也有所不同,有的需要十几块或几十块,有的甚至需要几千块。

明朝年间,南京胡正言就用饾版印制了《十竹斋画谱》。其颜色艳丽、浓淡适宜、画面生动,作品的价值很高,一直被视为珍品,流传至今。

印刷术发明以后,从公元 8 世纪开始,通过贸易等途径,陆续传播到国外。中国的印刷术,对人类文明的发展和社会进步都具有重要影响,对世界文明的发展也做出了巨大贡献。

五、近现代印刷术

印刷术在中国发明之后,于公元 8 世纪开始经过各种途径向国外传播。由于我国长期处在封建王朝的统治下,印刷术进一步发展的速度非常缓慢,甚至停止了很长时间。印刷术在西方国家得到长足发展,到 19 世纪初,在我国印刷术的基础上形成了近代西方印刷术。后来帝国主义以侵略的方式进入中国,以传教的

方式又将西方的印刷术传入了我国。

德国人谷登堡(见图1-16)在1440—1448年间,发明了铅活字印刷,开辟了近代印刷术的时代,在世界印刷史上做出了突出的贡献。用铅、锡、锑等材料做成的活字不仅性能更为完善,而且提高了生产效率,延长了活字的使用寿命,在字型铸造上也基本能做到规格控制,可进行大量印刷生产,也可多次利用。所以,铅活字印刷术得到了世界各国的广泛应用,到1477年已经传遍了整个欧洲,一个多世纪以后传入亚洲。1807年,铅活字印刷传入中国。1819年,英国人马礼逊第一次用汉字铅活字印出了《圣经》。

1845年,德国生产了第一台快速印刷机,从此,印刷技术就进入了机械化生产时代。早期石版印刷机如图1-17所示。1860年,美国生产出第一批轮转机,之后,德国生产出了双色印刷机和轮转机(印报纸),到1900年,德国又生产出六色轮转机。经过一个多世纪的发展,工业发达国家先后完成了印刷业机械化的全部过程。在1958年,我国北京人民机器厂制造出了高速自动双色胶印机。

图1-16　谷登堡

图1-17　早期石版印刷机

随着社会的不断发展和进步,各类产业技术的不断提升,科技化、新技术、新工艺不断进入印刷领域,促使印刷业向电子化、激光化、数字化的快速发展。20世纪70年代,普及了感光树脂凸版和PS版的使用,使印刷业朝着多色高速化发展;20世纪80年代,普及了电子分色扫描机、整页拼版系统和激光照排机的应用,使排版技术得到根本性的革命;20世纪90年代,计算机全面进入印刷领域,使彩色桌面出版系统得到彻底的改变。

在21世纪的今日,印刷领域已经进入电子、数据、光的时代。机械化、自动化、智能化的高科技技术,使印刷生产效率和工艺水平有了很大的提高。随着改革开放不断深入发展,市场经济体制的不断完善,我国印刷产业的发展一定会在不久的将来赶上先进发达国家,使我国的印刷事业更加辉煌灿烂。

第二节
印刷的定义及要素

一、印刷的定义

早期印刷是以文字原稿及图像原稿为依据,在石板或木板上雕刻凸起的反写图文,再将带有黏附性的色料涂在凸版上,然后用纸或其他承印物平铺在版面上,用刷子刷承印物的表面,这时,凸版上的色料就被转移到承印物上,印出图文。因此,早期的印刷定义就是利用凸版、黏附性色料、承印物,通过一定的压力,将印版上的图文印制到承印物上的转移技术。随着科学技术的不断进步和发展,出现了新的技术,不需任何外来压力和印版,也能把油墨或黏附性色料转移到承印物上,如静电复印、喷墨印刷等方法。印刷制品具有存储信息功能,它与录音、录像、摄影、电影、电视等储存信息的方式有所不同,它不需借助任何外来仪器、机械设备等,只需用感官视力就可获得信息内容。因此,印刷业是无法代替的产业,它的信息传播功能和信息储存功能至今仍然占据主导地位。

现在的印刷技术更为快捷而先进,数字印刷技术已经逐渐普及。数字印刷是把图文信息转换成数字形式,以数字信息直接传送到版面,即通过计算机直接转换成印刷品。数字印刷是当代印刷技术发展的趋势。数字印刷是印刷技术数字化和网络化发展的一种新技术,将原稿的图文信息经过数字化采集进行处理,转为数字文件,在数字印刷机上接受数字文件中的数据直接控制输出设备,使色料在承印物上准确地着色,全部印刷过程无需印版,故称无版印刷。

印品的生产,一般需要经过设计、原稿制作、印版制作、印刷、印后加工等过程。首先,将原稿的图文信息进行分色输出处理,制作出胶片;然后,用菲林制作印版;最后,将印版安装在印刷机上进行印刷生产。印刷机通过输墨系统把油墨传送到印版上,再由机械加压,使油墨通过印版转移到承印物上,印品就可生产出来,然后再根据产品的工艺要求进行印后加工,即可成为使用的成品。

二、印刷的要素

印刷是使用印版或其他方法将原稿上的图文信息转移到承印物上的工艺生产技术。要完成这个生产工艺过程,必须具备以下条件:原稿、印版、油墨、承印物、印刷机械。这些被称为印刷的五大要素。数字印刷无须使用印版,所以只需要具备四大要素。数字印刷机如图1-18所示。

1. 原稿

原稿是制版、印刷最基本的条件,也是印刷被复制的对象,没有原稿印刷是无法进行的。原稿的质量优劣,会直接影响印品的质量好坏,因此,必须对符合印刷要求的原稿进行制版,在印刷复制过程中(生产过程中),产品效果应尽量达到原稿的标准。

传统的原稿依然是当前印刷复制的主要对象。原稿有很多种类,有线条原稿和连续调原稿,有透射原稿和反射原稿,有实物原稿和电子原稿等。

图1-18　数字印刷机

(1)线条原稿:由黑白或彩色线条组成的图文原稿。例如表格、图纸、文字、地图等,其色彩深浅变化有明显的界线。

(2)连续调原稿:调值呈连续渐变的原稿。例如绘画稿、不透明的黑白照片、不透明的彩色照片、透明的黑白正片、透明的彩色正片等。

(3)透射原稿:以透明材料为图文信息载体的原稿,主要有彩色负片、正片、反转片和黑白照片底版等。透射原稿的特点:彩色负片成色显影后,图像与被摄物相比,明暗虚实正好相反;彩色正片的明暗虚实和色彩再现均与被摄物完全相同。彩色反转片是当前最常用的原稿,彩色正片是通过彩色负片拷贝所得,而彩色反转片是直接拍摄所得到的,它的色彩层次比彩色正片更为丰富和清晰。

(4)反射原稿:以不透明材料为图文信息载体的原稿,主要有绘画作品、黑白照片、彩色照片、印品原稿等。

(5)实物原稿:以实物作为复制的原稿,例如画稿、织物、任何其他实物等。

(6)电子原稿:以电子媒体为图文信息载体的原稿,例如光盘、电子图文库等。

2. 印版

印版是用于传递油墨到承印物上的印刷图文信息载体。印版表面上的吸墨部分就是图文信息部分,也就是需要印刷的部分;不吸附油墨部分就是空白部分。在印刷时,印版图文部分黏附油墨,在机械或外来压力的作用下,将着墨图文部分转移到承印物上。

印品应根据原稿的质量工艺要求及版面的特征,选择传递油墨的方式和方法进行印刷生产。根据原稿版面的需求,选择的印版、版材、制版方法、印刷方式就有所不同。印版主要分为凸版、平版、凹版、孔版等。

(1)凸版——图文部分高出非图文部分。印版上图文凸起是在同一个平面或在同一半径的弧面上,凹下去的部分就是非图文部分(空白部分)。常用的凸版有铅活字版、铅版、铜锌版、橡胶版、感光树脂版等。凸版如图1-19所示。

(2)平版——印版上图文部分和非图文部分几乎处于同一平面上,图文部分是吸收油墨、排斥水分,非图文部分是吸收水分、排斥油墨。常用的平版有PS版、平凹版、平凸版、多层金属版、蛋白版等。平版(PS版)如图1-20所示。

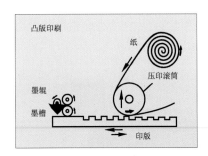

图1-19 凸版

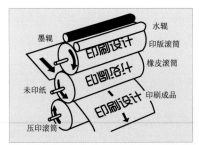

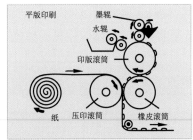

图1-20 平版(PS版)

(3)凹版——印版上的图文部分是凹陷下去的,非图文部分凸起并几乎处于同一平面或同半径的弧面上,版面的形式结构正好与凸版相反。常用的凹版有手工雕刻凹版、机械雕刻凹版、照相凹版、电子雕刻凹版。凹版如图1-21所示。

(4)孔版——图文部分由大小不同的孔洞或大小相等而数量不等的孔洞组成,油墨可通过孔洞到承印物上形成印迹。印版上的图文部分孔洞将油墨漏印在承印物上,非图文部分不能漏进油墨,处于绝对封闭状态。常用的孔版有誊写版、镂空版、丝网版等。孔版如图1-22所示。

数字印刷不需要印版,它是利用电子控制系统将图文转化的数据文件通过计算机传送到数字印刷机上直接控制成像。

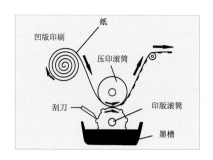

图 1-21　凹版

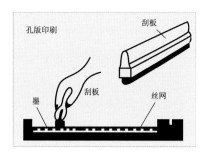

图 1-22　孔版

3. 油墨

油墨是印刷过程中被转移到纸张或其他承印物上形成图像的物质。由于印刷工艺的不同和印刷材料的不同,选择的油墨性能和种类也有所不同。油墨按照印版类型可分为凸版油墨、平版油墨、凹版油墨、孔版油墨,按照油墨干燥方式可分为渗透干燥油墨、挥发干燥油墨、氧化结膜干燥油墨、热固型干燥油墨、紫外线干燥油墨等。油墨如图 1-23 所示。

4. 承印物

承印物是指接收油墨或其他黏附色料后能够形成所需印品的各种材料。常用的承印物有纸张、塑料、织物、铁皮、木板、玻璃、皮革、金属等。

5. 印刷机械

印刷机械是指用于生产印品的机器设备。印刷机械可分为凸版印刷机、平版印刷机、凹版印刷机、孔版印刷机(丝网印刷机)、特种印刷机(移印、热转印等)、数字印刷机等。各种印刷机都可根据机械结构、印刷幅面、印刷色数等制造出各种型号。虽然印刷机械的特性有所不同,并且种类繁多,但生产原理基本相同,主要为输纸、输墨、印刷、收纸等。海德堡对开四色印刷设备如图 1-24 所示,日本超级丽色龙对开四色印刷机如图 1-25 所示。

图 1-23　油墨

图 1-24　海德堡对开四色印刷设备

图 1-25　日本超级丽色龙对开四色印刷机

第三节
印刷的分类

印刷可分为两大类:直接印刷和间接印刷。印版上的图文直接转印到承印物表面的印刷称为直接印刷,印版上的图文相对原稿上的图文是反像;印版上的图文经过另一个载体的转换后,再转移到承印物表面的印刷称为间接印刷,印版上的图文相对原稿上的图文是正像。印刷制品的种类很多,各类印品的工艺要求和工艺程序有所不同,所以,根据需要所采用的印刷方式和承印物的种类也各有不同。

现根据印版情况、色彩要求、印刷产品用途等对印刷进行以下分类。

一、按印版分类

1. 凸版印刷

凸版印刷属于直接印刷,如图 1-26 所示。

凸版印刷主要使用铅活字组成的活版,便于校版和改版,成本比较低,对纸张的要求也不高,粗糙的纸面也能进行印刷,损耗率相对也很小。但劳动强度大,对环境污染较严重,适合小幅面印刷,不适合大幅面印刷,更不适宜以彩色连续调为主的产品。

到 20 世纪 50 年代后,凸版印刷技术就逐渐被其他印刷技术所取代。延续至今还在采用凸版印刷技术的,只有以感光树脂为原料制成的柔性版,针对包装产品和报纸印刷。

2. 凹版印刷

凹版印刷属于直接印刷,如图 1-27 所示。

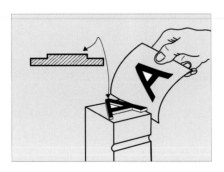
图 1-26 凸版印刷

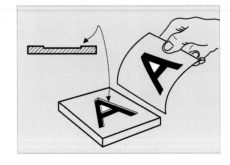
图 1-27 凹版印刷

凹版印刷使用雕刻版,与凸版印刷正好相反。凹版滚筒雕刻时间长、工序多、成本高,而且使用的是挥发性油墨,对环境污染较大,易发火灾,不适合生产批量小的印品。凹版滚筒上无接缝,能满足有特别要求的印品,如墙纸、各类纹路纸、塑料薄膜、玻璃纸、金属箔等。凹版印刷是用油墨厚薄表现色彩的浓淡效果,凹陷得深,色彩就浓,凹陷得浅,色彩就淡,印出的层次非常丰富,色调浓厚、色泽鲜明,效果接近照片。凹版印刷最适应于有价证券、精美画册、邮票、钞券、烟包装等。凹版印刷机如图 1-28 所示。

随着电子雕刻制版机的应用和普及,相应雕刻滚筒制造时间和成本有所下降,加上科学技术不断向印刷领域渗透,凹版印刷的用途和适用范围会越来越广,发挥的作用也会越来越大。

3. 平版印刷

平版印刷属于间接印刷,如图 1-29 所示。

平版印刷制版简单,多数采用感光 PS 版,材料轻便、价廉。平版印刷是利用油、水不相溶的原理,印刷质量好,印刷效率高,广泛用于印刷各类书刊、画册、海报、商标、挂历、地图、包装等。到目前为止,在印刷领域中仍然占统治地位。平版印刷机如图 1-30 所示。

图 1-28　凹版印刷机

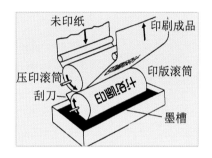
图 1-29　平版印刷

图 1-30　平版印刷机

随着科学技术的发展,平版印刷机的自动化程度越来越高,许多品牌的印刷机都安装了自动输墨、自动输水、自动套印、自动装版、自动卸版、自动清洗等设备,大大提高了生产效率和印刷质量。

4. 孔版印刷

孔版印刷属于直接印刷,如图 1-31 所示。

孔版印刷制版比较简单,成本也较低。孔版印刷以丝网印刷为主要的印刷方式,制版以丝网为支撑体,将丝网在网框上绷紧,再在网面上涂布感光胶而制成丝网版。在印刷过程中,经过压力的作用,油墨透过孔洞部分(图文部分),直接接触到承印物,形成图文墨迹,非图文部分的网面没有孔洞,油墨无法渗透到承印物上,形成了空白部分,这样就成为丝网印品。孔版印刷机如图 1-32 所示。

孔版印刷的设备很简单,制版方便,使用的范围又很广,无论是软性承印物、硬性承印物,纸张、塑料,还是平面、曲面,大面积、小面积,都能承印。

孔版印刷除了主要的丝网印刷外,还有誊写版印刷、蜡版印刷、镂空版印刷、喷花印刷等。

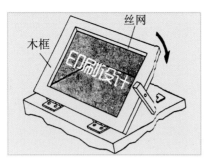 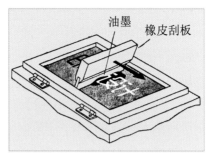

图 1-31　孔版印刷

图 1-32　孔版印刷机

二、按色彩分类

1. 单色印刷

在印刷过程中,承印物上只有一种颜色,称为单色印刷。

2. 多色印刷

在印刷过程中,承印物上有两种及两种以上的颜色,称为多色印刷。一般印件只需采用三原色(红、黄、蓝)和黑色四种颜色,另有在承印物上加印专色或使用几种专色的。专色需要专门调制而成,利用三原色根据样稿进行调配,也有油墨制造厂家生产的各种专色,但一般难以达到样稿的标准。

三、按印品用途分类

印刷按照印品的用途一般分为书刊印刷、报纸印刷、画册印刷、广告类印刷、钞券印刷、包装印刷、地图印刷、特种印刷等。

书刊印刷——印刷数量大,质量要求高,多采用平版印刷。

报纸印刷——印刷数量大,印刷速度要快,多采用平版印刷(轮转机),用柔性版印刷的报纸在逐年增多。

广告类印刷——包括画册、海报、招贴画印刷等,印刷质量要求高,印刷时间要求短,多采用平版印刷。路牌广告、大幅面广告牌类,多采用孔版印刷(丝网印刷)。

钞券印刷——包括有价证券、票据印刷等,有严格的质量要求和严密的防伪技术,多以凹版印刷为主,以平版、凸版印刷为辅。

包装印刷——主要指烟包装、药品包装印刷,由于产品数量较大,防伪要求高,色泽要求完全统一,多以凹版印刷为主,以平版、丝网印刷为辅。

特种印刷——采用不同于一般制版、不同于一般印刷、不同于一般印后加工的方法和材料,这类印刷统称为特种印刷,如静电植绒、表格印刷、磁铁印刷等。

其他印刷——包括塑料、金属、软件物、硬件物、玻璃、陶瓷、皮革印刷等,多采用孔版印刷(丝网印刷)。

第四节
印刷工艺流程

印品的生产工艺比较复杂,无论哪种印刷产品,都必须经过印前处理、印刷、印后加工,通常包括原稿整理、设计、图文处理、制版、印刷、后续加工等步骤。

印刷工艺流程如图 1-33 所示。

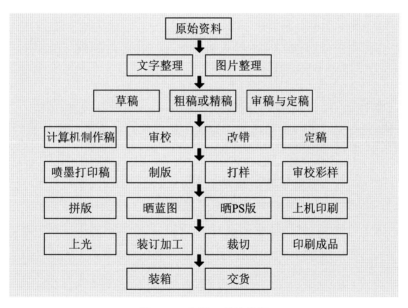

图 1-33　印刷工艺流程图

1. 原稿内容

原稿内容主要包括文字、图像、图形。

为保证印刷产品的质量和成品效果,无论是文字还是图像、图形,都应选择图文清晰、分辨率高、层次分明、色彩丰富、品质较好的原稿,对原稿中某些文字、图像、图形的不足之处,应进行修正,以达到最佳效果。

2. 图文处理

文字形成一般有两种形式,即计算机打字和软件制作效果文字,文字应根据要求进行编辑或设计,注意文字排版的字距和行距,保证画面比例的舒适效果。图像原稿有时会出现色彩有偏差的情况,应在允许的技术范围内进行基调调整,尽量达到色彩正常和画面清晰。

印刷厂如图 1-34 所示。

办公室

客服部

计算机制作室

样品陈列室

图 1-34 印刷厂

3. 排版

排版前,应仔细检查版面的内容,不要有内容遗漏的现象。排版需根据设计的版面,把图像、文字、图形合理安排在页面内,同时注意文字是否出现错误。排版一般在计算机排版软件中进行,选择适合设计画面的制作软件完成排版。

4. 拼版

将已经完成排版的各个页面或小面稿件,根据产品的要求和生产数量,选择适合的印刷机型,依照机型的规格和幅面限制,拼成上机印刷的最大版面,其目的是降低印刷成本,提高生产效率。

5. 制版

制版是根据印刷机的种类即印刷方式,选择相对的制版方法,形成具有一定印刷特性的图文要素的印版过程。

6. 打样、印样

打样有专用的打样机,一般情况是在制版完成后,直接由打样机进行打样,样稿出来后,再由客户审样、签名认可印刷。印样就是正式上印刷机生产,在调整好水墨后,印出来的前几张,达到打样稿的要求,送至客户再次签名认可印刷样板,取得认可签名后,方可进行批量生产。

7. 印刷

印刷过程就是将油墨经过印版上的图文信息转移到承印物上的过程。由于印刷方法的不同(也就是印刷机种类的不同),它们的特点和原理也不同,所以印刷过程也就不同,有直接印刷过程和间接印刷过程。印刷分凸版印刷、平版印刷、凹版印刷、丝网印刷、柔版印刷等。

8. 印后加工

印品完成后,都需要进行成品加工。如单页需要切成成品,折页需要上折页机,书刊需要配页装订,包装需要模切、粘盒;还有各类印刷品要求对表面进行覆膜、上光、UV印刷、烫印、覆裱等,以达到印品美观、防潮、防磨损等目的,从而实现产品的附加值。粘盒机如图1-35所示,印后工序加工车间如图1-36所示。

图 1-35　粘盒机　　　　　　　　　　　图 1-36　印后工序加工车间

Yinshua Sheji yu Gongyi

第二章
印前技术

在印刷前必须进行系统的技术处理,国际上称为印前工序或印前处理,我国统称为制版,主要由制版、电子分色、拼大版、打样四大工序组成。

第一节
印前技术的发展过程

一、传统印前技术

1. 手工制版

在印刷技术发展的初期,以及现在一些特殊的印刷方式中,常采用描绘、雕刻、蚀刻等手工方法制版。如古代的凸版就是使用刀具在木板上进行雕刻而形成的;孔版印刷的镂空版也是使用刀具在纸张等基础材料上雕刻而成;平版印刷的印版最先是用笔在石板上描绘。现在复制古代中国画的木版水印,还是采用手工方法制版。

铅活字排版有手工排版与机械排版两种工艺方式,排版工艺流程为:制字模—铸字—拣字—装版—打样—校对—改版—活字版。机械排版采用了自动铸排机,大大提高了效率,同时也减轻了劳动强度。但由于使用材料仍然是铅合金,给环境带来极大的污染,所以,铅活字排版目前基本不使用。

2. 照相制版

照相制版是以印刷原稿为拍摄对象,用照相的方法制出供晒版使用的制版胶片,利用光学原理,通过原稿上明暗部位的感光度差异,将原稿信息传递到感光胶片上,再由胶片转移到印版上。

照相制版的工艺流程如图 2-1 所示。

3. 电子分色制版

电子分色机也称为电分机,电分机制版是利用电子扫描分色机对原稿的彩色图像进行扫描分色,完成扫描后,再输出分色胶片的工艺,在 20 世纪 80 年代后期,已上升为图像制版的主要技术手段。

电分机采用了全新的图像校正系统,使复制图像的色彩、层次及清晰度的处理各自独立,分色的质量非常稳定。此外,由于可实现多色扫描记录、磁盘存储和数字化程序控制,容易形成标准化的电子分色制版工艺,乃至彩色复制的标准化管理系统。但是,电分机虽然实现了模块化的工作方式,就整个系统而言,仍是一个封闭的操作系统。电分机的主要优势是适合图像分色的技术处理,对文字、图形仍然不适宜。

电子分色制版工艺流程如图 2-2 所示。

随着计算机技术的迅速发展,出现了以数字技术为基础的彩色桌面出版系统,电分机因系统封闭和缺乏灵活性,现已逐渐被淘汰。现在,传统的电子扫描分色机进行了数字化革命,将应用为数字化印前系统的扫描设备。

电子分色机如图 2-3 所示。

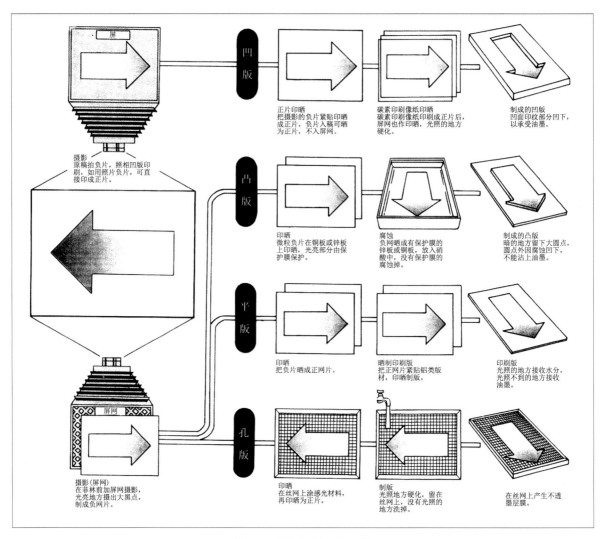

图 2-1　照相制版工艺流程

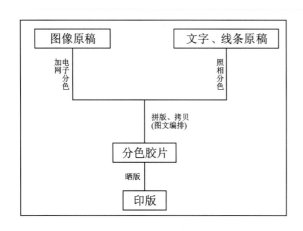

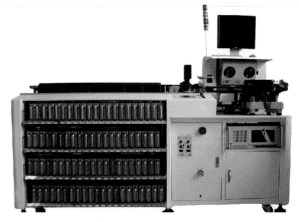

图 2-2　电子分色制版工艺流程　　　　图 2-3　电子分色机

二、数字化印前技术

1. 彩色桌面出版系统

彩色桌面出版系统，又名 DTP，是 desk top publishing 的缩写，因其小巧可放置在桌面上而得名。它是 20 世纪 90 年代推出的新型印前处理设备，由桌面分色和桌面电子出版两部分组合而成。它的问世，从根本上解决了电子分色机处理文字功能弱，以及不能很好地制作图文合一的阴图底片的问题。

彩色桌面出版系统，从总体结构上分为输入、加工处理和输出三大部分。

1）DTP 的输入设备

输入设备的基本功能是对原稿进行扫描、分色并输入系统。除文字输入与计算机排版系统相同之外，图像的输入可以采用多种设备，如扫描仪、电子分色机、摄像机、绘图仪及卫星地面接收站等，使用较多的是扫描仪。扫描仪有平台式和滚筒式两种，用于彩色桌面出版系统的扫描仪应具有适合印刷要求的输入分辨率、色彩位数和扫描密度范围。

（1）输入分辨率。

输入分辨率指每英寸（1 英寸＝2.54×10^{-2} 米）采样的点数，用 dpi 表示。输入分辨率和网点线数有以下的关系：

$$输入分辨率＝网点线数×缩放率×系数$$

系数一般为 1～2。随着放大倍率的增加，要求的分辨率随之增大。反射原稿的放大倍率较小，以 5 倍计算，1 500 dpi 即可。透射原稿的幅面较小，以 10 倍计算，3 000 dpi 才行。有的扫描仪分辨率已达 6 000～8 000 dpi。实际使用的分辨率，取决于输出分辨率和图像的缩放率。

（2）色彩位数和扫描密度范围。

色彩位数指表示颜色数量的二进制位数，如 8 位、16 位、24 位、36 位等。扫描密度范围指最亮和最暗处的密度差。通常扫描密度范围越大，色彩位数越多，如果扫描密度范围大于 3.0，色彩位数最少要 10 位。

此外，要求扫描仪能提供标准的通用数据格式，准确可靠地接受工作站的控制，具有环境自动校正功能，能够对外界光的干扰进行补偿。同时，在保证达到扫描仪主要技术指标的前提下，扫描速度越快越好。

2）DTP 的加工处理设备

加工处理设备统称为图文工作站，基本功能是对进入系统的原稿数据进行加工处理，例如校色、修版、拼版和创意制作，并加上文字、符号等，构成完整的图文合一的页面，再传送到输出设备。

3）DTP 的输出设备

输出设备是彩色桌面出版系统生成最终产品的设备，主要由高精度的激光照排机（也称图文记录仪）和 RIP（光栅图像处理器）两部分组成。激光照排机利用激光，将光束聚集成光点，打到感光材料上使其感光，经显影后成为黑白底片。RIP 接收 PostScript 语言的版面，将其转换成光栅图像，再从照排机输出。PostScript 是一种页面描述语言，由 Adobe 公司开发，现被众多人接受，并成为一个标准。RIP 可以由硬件来实现，也可以由软件来实现。

硬件 RIP 由一个高性能计算机加上专用芯片组成,软件 RIP 由一台高性能通用微机加上相应的软件组成。为了达到印刷对图像处理的要求,必须考虑激光照排机和 RIP 的输出分辨率、输出重复精度、输出加网结构、输出速度等性能指标。

4)高端联网

彩色桌面出版系统与现有的各种型号的电子分色机相连,称为高端联网,这是桌面系统的又一种工作方式。

利用高端联网,获取高质量的图文底片时,电子分色机接口必须解决两个关键性问题。第一,速度问题。由于电子分色机处于工作状态时,无法做到暂停的控制,所以接口及接口工作站必须足够快,能同时接收电子分色机的扫描数据和向电子分色机发送数据。第二,图文合一输出底片的方式。如果利用电子分色机的网点发生器生成网点,只加一个高分辨率的接口,即可共同完成图文合一的输出。倘若不使用电子分色机的网点发生器生成网点,只将电子分色机的记录部分作为一个照排机看待,则需另加一个 RIP 处理网点和文字,桌面系统通过 RIP 使用电子分色机。

高端联网,形成了以通用计算机为核心的整页拼版系统,不仅发挥了电子分色机输入分辨率较高、图像处理质量好的优点,而且融合了桌面系统可以同时进行图文处理、版面组合灵活快捷、人工创意新颖、整页数据可重复存取的特长,同时,为有电子分色机的厂家提高彩色制版的能力和效率,开辟了一条极好的途径。

常见的彩色桌面出版系统工艺流程如图 2-4 所示。

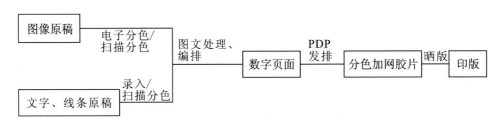

图 2-4　彩色桌面出版系统的工艺流程

2.计算机直接制版系统

计算机直接制版(CIP)系统是一种综合性的、多学科的产品,它是集光学技术、电子技术、彩色数字图像技术、计算机软硬件、精密仪器及版材技术、自动化技术、网络技术等于一体的高科技产品。它主要由机械系统、光路系统、电路系统三大部分组成。计算机直接制版的技术关键之一是印版和成像系统要匹配,因为印版表面的化学物质与传到它上面的激光能量有非常密切的关系。为了满足这一关键要求,可将直接制版技术归纳为工作方式、激光技术和版材技术。

1)CTP 的应用情况

(1)欧洲的情况。

最早将 CTP 产品推向欧洲市场的是爱克发公司和杜邦公司,银盐版在欧洲市场的占有率仍然很高。但因银盐版对环保不利,所以热敏版和光敏版开始进入欧洲市场,银盐版的市场处于萎缩阶段。

(2)北美的情况。

柯达的热敏版材是最先占领北美市场的,因为北美的制版车间相对较宽敞,而且制版的全数字化开展较早,用户已经接受了数字化检验设备校版,因此,CTP 较容易在北美应用和普及。

2)CTP 版材

目前的 CTP 版材主要有热敏版、光敏版和银盐版三种,电子照相方式和普通 PS 版直接制版的 CTP 在市场占有率不足 1%。光敏版和热敏版 CTP 已经步入了实用化阶段,在发达国家,银盐版被定位为老式 CTP 材料。与紫激光系统相配的 CTP 版是光敏版的发展方向,因为紫激光光敏成像系统有可能价格更低、小型化和高速化。普通 PS 版的直接制版版材价格较贵,制版速度较慢,在现阶段还不能顺利普及。随着不需要加热处理的热敏版的研发,热敏版已经成为 CTP 的主流产品。对于国内印刷厂的实际情况而言,应根据 CTP 设备的类型、版面及实际情况选择适合自己的版材。

3)CTP 设备的应用经验

(1)有些报社仍愿意继续使用传统制版工艺。

在报业印刷领域里,制版时间非常重要。报社一般采用多台印刷机同时印刷,而用一张软片就可以快速地出多张版。在 CTP 普及之前,超高速制版机已经实现了这一点,因此,有些报社仍愿意继续使用传统制版工艺。

(2)校正(或修改)越少的行业,CTP 的发展越快。

在正式印刷之前,需多次打样,如果使用 CTP 系统,则校正的成本过高。这种情况下,多数是先出软片,再使用校正机打样,然后采用传统制版。当然,随着可以通过数字化处理直接打样的 DDCP 的普及,上述问题得到解决。不需要过于精细校正的印刷,已逐步普及应用 CTP 设备。

(3)同一工厂内完成全工序过程,更容易实现 CTP 的普及。

很多的制作软片的专业工厂、制版专业工厂、印刷专业工厂都各自接活,在这种情况下,实现制版过程的全数字化就较难。而在同一工厂内完成数字化全工序更加容易普及 CTP。

(4)再版印刷使用 CTP 设备的少,新版印刷使用 CTP 设备的相对较多。

印刷书籍时,每当需再版时,并不是重新制作软片,而是以软片的方式存版。如果将这些软片中的图文做数字化处理,需花大量的人工经费,通常是印刷费用所承担不起的,因此,这种再版印刷的 CTP 使用率较低。当然,在 CTP 普及后,初版印刷的书籍从开始就采用 CTP 制作的情况会很多。

第二节
数字化印前系统

数字化印前系统采用并集成现代最完备的彩色图像信息采集、传输、处理和记录的各种硬件设备,利用数字化软件作业来实现页面位置和内容的处理,达到印前作业的数字化控制。

一、系统的组成

数字化印前系统由硬件、软件两大部分组成。硬件有计算机系统、网络通信系统、扫描系统、数码相机、数字成像设备、显示设备、数字打样设备、激光照排机、直接制版机、晒版机、胶片、印版冲洗设备;软件有图文采集软件、图像处理软件、图形处理软件、排版软件、数字打样软件、拼大版软件、RIP、数字化流程软件、输出控制软件等。

二、硬件设备

数字化印前系统的硬件设备大致分为三大类,即输入设备、图文处理设备、输出设备。输入设备主要指扫描仪、数码相机;图文处理设备主要指计算机;输出设备主要指彩色喷墨打印机、激光打印机、直接制版机、数字印刷机等。

1. 扫描仪

扫描的主要过程就是将图像信息进行数字化采集的过程,也是对原稿图像信息的采样和量化过程。其功能就是获取原稿的颜色信息,并进行分色和数字化。

1)平板扫描仪

平板扫描仪采用电荷耦合器件CCD(charge coupled device)完成颜色的获取过程。平板扫描仪分辨率的大小受CCD排列密度的限制,如在CCD线性阵列中每英寸有CCD共1 200个,则可以认定该扫描仪具有1 200 dpi分辨率。

2)滚筒扫描仪

滚筒扫描仪主要技术是光电倍增管PMT(photo multiplier tube)和模/数转换器。PMT能够把输入的微弱光信号转换为电子信号,对原稿暗调的层次细节十分有利。

2. 数码相机

数码相机是集光学、机械和电子技术于一体的产品,它集成了影像信息的转换、存储、传输等部件,具有数字化存取模式、计算机交换处理、实时拍摄等特点。

3. 图文信息处理计算机

图文信息处理计算机的主要参数是CPU的型号、计算机的主频、硬盘容量的大小等。CPU是一个信息存储、检索、操作器,是计算机的大脑。

4. 打印输出设备

常用的打印输出设备有激光打印机、彩色喷墨打印机、大型(大幅面)数码喷墨打印机、激光照排机、直接制版机。

三、常用软件

常用软件按照特性和功能分为系统软件、应用软件和工具软件。

1. 系统软件

系统软件负责计算机的启动、内存分配、磁盘管理、打印、网络等各项基本任务的操作。

2. 应用软件

根据处理的图形、图像、文字的不同,应用软件分为三大类型,即图形处理软件、图像处理软件、页面排版软件。

3. 工具软件

工具软件协助操作人员在制作过程中处理不同效果、不同领域的特殊需求,常用的工具软件有下载软件、杀毒软件、刻录软件等。

第三节
印前技术基础知识

一、文字、图形、图像

印刷版面通常由文字(text)、图形(graphics)、图像(image)组成。

文字是记录人类思想的基本媒介,文字信息处理过程即文字信息输入、处理与输出。

图形是由点、直线、曲线、矩形、圆、椭圆等系列图形元素组成的,一般由计算机绘图程序完成。

图像是由一系列具有不同的明暗度的像素点组成的,又称为点阵图(bitmap),图像中每个像素点都具有计算机所赋予的空间位置特征和亮度特征。

二、三原色

原色,又称为基色,即用以调配其他色彩的基本色。原色的纯度最高,最纯净、最鲜艳。三原色可以调配出绝大多数颜色,而其他颜色不能调配出三原色。三原色通常分为两类,一类是色光三原色(见图 2-5),色光三原色为红、绿、蓝;另一类是色料三原色(见图 2-6),色料三原色为品红、黄、青。但在美术上又把红、黄、蓝定义为色彩三原色,其实这是不恰当的。美术实践证明,品红加少量黄可以调出大红(红＝M100＋Y100),而大红却无法调出品红;青加少量品红可以得到蓝(蓝＝C100＋M100),而蓝加白得到的却是不鲜艳的青;用黄、品红、青三色能调配出更多的颜色,而且纯正并鲜艳。用青加黄调出的绿(绿＝Y100＋C100),比用蓝加黄调出的绿更加纯正与鲜艳;品红加青调出的紫是很纯正的(紫＝C20＋M80),而大红加蓝只能得到灰紫,等等。此外,从调配其他颜色的情况来看,都是以黄、品红、青为其原色,色彩更为丰富、纯正而鲜艳。综上所述,无论是从原色的定义出发,还是以实际应用的结果验证,都足以说明,把黄、品红、青称为色料三原色,较红、黄、蓝更为恰当。

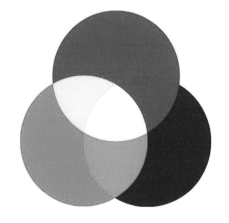

图 2-5　色光三原色

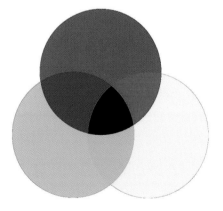

图 2-6　色料三原色

三、网点

网点可以有不同的形状。网点形状指的是单个网点的几何形状,即网点的边缘形态。在传统的技术中,网点的形状由相应的网屏结构决定。不同形状的网点除了具有各自的表现特征外,在图像复制过程中还有不同的变化规律,会产生不同的复制结果,并影响复制结果的质量。

不同形状的网点,其图像阶调传递特性不同。实际制版和印刷过程中网点有机械扩大的趋势,试验表明这个趋势是随网点周长(或周长总和)的增加而增大的。网点面积率对周长变化的敏感程度与其周长成正比,周长(周长和)大的网点更容易扩大,图文复制可能出现的失真也越大。网点形状不同,相邻网点搭接(网点搭接的时候是其周长和最大的时候,所以经常用网点搭接的特性来形容不同网点的性质)的网点面积率不同,搭接的次数也不同,图像阶调传递的状况不同。网点的搭接会引起密度的跳跃升高。

选择何种形状的网点对图像加网,首先要考虑网点增大的影响因素,不同的网点变化趋势也不同。传统的加网方法使用的网点形状有正方形、圆形、菱形、椭圆形、双点式等。在现代的数字加网技术中,可选择的网点形状就更多了。

下面是对常用网点形状及其特征的说明。

1. 正方形网点

当选用正方形网点复制图像时,则在 50%百分率下墨色与白色刚好相间而呈棋盘状。正方形网点容易根据网点间距判别正方形网点的百分率,它对于原稿层次的传递较为敏感。网点形状的最终形成与制版和印刷工艺密切相关。正方形网点在 50%百分率处才能真正地显示出形状,当超过或小于 50%的时候,在其角点处会发生变形,结果是方中带圆甚至成为圆形。在印刷时,由于油墨受到压力作用和油墨黏度等因素的影响,会引起网点面积扩张。与其他形状的网点相比较,正方形的网点面积率是最高的。产生这个现象的原因是,正方形网点的面积率达到 50%后,网点与网点的四角相连,印刷时连角部分容易出现油墨的堵塞和粘连,从而导致网点扩大。

上面说到的仿佛都是正方形网点的缺点,好像正方形网点没有存在的必要了,其实不然,比如,在中间调要求不是特别严格的情况下,选用正方形网点能够表现出更为鲜明的层次。

2. 圆形网点

在同面积的网点中,圆形网点的周长是最短的。当采用圆形网点时,画面中的高光和中间调处网点均互不相连,仅在暗调处网点才能互相接触,因此,画面中间调以下的网点增大值很小,可以较好地保留中间层次。

相对其他的网点而言,圆形网点的扩张系数很小。在正常情况下,圆形网点在 70%面积率处四点相连。一旦圆形网点与圆形网点相连,其扩张系数就会很高,从而导致印刷时因暗调区域网点油墨过大而容易在周边堆积,最终使图像暗调部分失去应有的层次。

通过以上说明我们会发现,圆形网点因表现暗调层次的能力较差,在使用上受到一定的限制。通常情况下,印刷厂一般避免使用圆形网点,特别是胶版纸印刷时。但是,如果要复制的原稿画面中亮调层次比较多而暗调部分较少时,采用圆形网点来表现高、中调区域层次还是非常有利的。

3. 钻石形网点

钻石形网点又称菱形网点。通常菱形网点的两条对角线是不相等的。因此,除高光区域的小网点呈局部独立状态,暗调处菱形网点的四个角均连接外,画面中大部分中间调层次的网点都是长轴互相连接,在短轴处不相连,形状像一根根链条,所以菱形网点又被称为链形网点。用菱形网点表现的画面阶调特别柔和,反映的层次也很丰富,对于人物和风景画面特别合适。当网点面积率大约为25%时,发生链形网点长轴的交接,称为第一次交接;接下来在75%时,发生第二次交接。由于网点增大不可避免,因此,菱形网点会在25%与75%处,发生两次跳跃。但是,由于菱形网点的交接仅仅是在两个顶点处发生,这样的阶调跳跃要比正方形网点四个角均相连接时的变化缓和得多。由此可见,用菱形网点复制图像时印刷阶调曲线较为平缓,在30%～70%的中间范围内表现得特别好。因此,菱形网点适合复制主要为景物和人物的原稿。

4. 椭圆形网点

椭圆形网点与对角线不等的菱形网点相似,区别是四个角不是尖的而是圆的,因此,不会像对角线不等的菱形网点那样在25%网点面积率处交接,此外,在75%网点面积率处也没有明显的阶调跳变现象。

5. 双点式网点

双点式网点类型通常用于多分辨率加网的场合,由两种不同特性和点形的网屏叠加在一起形成。不同大小网点的组成方式为:两个大网点中间嵌入一个小网点,或者四个小网点中间嵌入一个大网点。多分辨率加网方式力图在最小网点尺寸、动态范围和加网规格间权衡。为了在一定的限制条件下获得满意的结果,制版工作者提出了不少建议。双点式网点就是这样提出来的。当网点较小时拉开它们的距离,而在中间调区域则将网点距离拉近。

双点式网点又称为卫星式网点或字母网点,特点是画面暗调处小网点虽然已经合并,但大网点还存在,虽然网点数量是少了一点,不过网点结实、光洁、完整,对高光的表现柔和、均匀。

6. 特殊形状网点

从技术角度考虑,改变和选择不同的网点形状是印刷适性的需要。但是,为了满足艺术品复制、广告宣传和特殊情趣的需要,经常会用到特殊形状的网点(或者称为艺术网纹),借以增加画面的艺术气氛,获得特定的效果。常用的艺术网纹有同心圆网纹、水平波浪网纹、垂直线条网纹、交叉十字纱布网纹、纱目网纹、砖墙网纹等。

不同的网点形状对印刷过程中产生的网点增大会有不同的影响。通过试验得到的结论是,最佳的网点形状应该是有规律的链条状结构,在高光和暗调部位为圆形网点,而在中间调部位为椭圆形网点。

通过上面对不同网点的介绍我们了解到,在对不同的产品选择网点的时候,还要同时考虑该网点形状对不同产品的表现能力,如方形网点的层次感就远远强过链形网点。在对特殊形状网点的选择上,不要盲目,首先应该考虑什么形状的网点对表现印刷品的主题更为有效,而这种选择是否真的有必要。比如说链形网点有在中间调表现柔和的特点,那么很多中间调丰富的印刷品就可以选用链形网点。而水波形网点拥有水波所特有的动感,经常被用于表现水上运动等特殊情况。类似的还有同心圆网点对漩涡的表现、砖形网点对建筑物的表现,等等。

上面所提到的对不同形状网点的选择,对平版印刷的生产具有非常广泛的意义。

同样是对网点形状的选择,对于凹版印刷就没有那么丰富了。由于雕刻工艺的限制,凹版印刷所采用的网点形状往往很简单,多为矩形和菱形。但对于凹版印刷,网点形状的变化又有了新的作用。

凹版印刷与平版印刷不同,凹版印刷的印版(印版滚筒)上各色组的网点形状不尽相同。一般情况为,黄版、黑版采用几乎为方形的网点,青色选用纵向拉伸的菱形网点,而品红版则采用横向拉伸的菱形网点(是相对各自网线角度考虑的),用这种网点形状的变化,凹印才能更有效地避免由于网点角度差不足而导

致印刷品上出现莫尔条纹。雕刻凹印的网点角度只有三种:30°、45°、60°。

　　同样与平版印刷不同,凹印在印刷过程中很少考虑网点增大的问题,而会更多地考虑油墨转移率(网穴中的出墨率)问题,在试验过程中人们发现,越接近于圆形的网点,在印刷过程中转移油墨的量也越大。基于此,在凹印的发展过程中,又相继出现了六边形网点和八边形网点,由于雕刻刀的限制,在凹印印版滚筒上要产生圆形的网点几乎不可能。

Yinshua Sheji yu Gongyi

第三章
印前处理

印刷行业是一个复制产品的行业。无论过去还是现在,印刷首先必须提供一个复制的母体,也称原稿。原稿上记载了需要复制的信息内容和所需的其他工艺信息。

第一节
图 文 处 理

一、印前文字处理

文字是印品的主要内容,它是表达信息的重要载体。印刷文字的质量优劣,直接影响产品的价值性和阅读性。

1. 字体

汉字在长期发展的过程中,已经创造了多种多样的印刷字体,常用的印刷字体如图 3-1 所示。

宋体: 山重水复疑无路
仿宋: 山重水复疑无路
楷体: 山重水复疑无路
隶书: 山重水复疑无路
黑体: 山重水复疑无路

图 3-1　常用印刷字体

文字的大小:目前我国有两种表示文字大小的方法——号制和点制,以号制为主、点制为辅。国际上则通用点制。号制和点制的换算关系如表 3-1 所示。

表 3-1　号制与点制换算表

号　数	点　数	尺寸/mm	号　数	点　数	尺寸/mm
—	72	25.305	三号	16	5.623
特大号	63	22.142	四号	14	4.920
特号	54	18.979	小四号	12	4.218
初号	42	14.761	五号	10.5	3.690
小初号	36	12.653	小五号	9	3.163
大一号	31.5	11.071	六号	8	2.812
一号	28	9.841	小六号	6.875	2.416
二号	21	7.381	七号	5.25	1.845
小二号	18	6.326	八号	4.5	1.581

2. 计算机字形

计算机字形技术包括字形的信息压缩、存储、还原、缩放等全套处理技术。

1)点阵字形

点阵字形是采用矩阵的方法,逐点描述字形信息,即以横向扫描线上点阵的黑或白来记录字形,每一点以一位表示。点阵字在显示和硬拷贝输出时所用字号与字库一致,质量非常好。点阵字的组织和管理方式简单,因此,目前点阵字广泛应用于显示和低分辨率打印输出等场合。

2)矢量字形

矢量字形采用数学的向量线段来描述字形的笔画,即用描述字的外部轮廓的方法来产生字形,这种方法也称向量轮廓描述法。矢量字库是一种高倍率信息压缩字库。矢量字形的优点是可以大大减少字形的数据量,而且字形比较美观,可以对字形做各种各样的变形和修饰,输出的字形质量和精度都非常好。矢量字形的缺点是在大字输出时,直线段与直线段的连接不好。

3)曲线字形

曲线字形采用数学上的二次、三次曲线来描述字形的外部轮廓,又称曲线轮廓描述法。用这种方法制作的字库称曲线字库,也是一种高倍率信息压缩字库。曲线字形最大的特点是字形美观,大字字形也可以做到很完美,克服了矢量字形的缺陷,使字形的质量达到更高的水平。曲线字形的缺点是输出低分辨率字形或小字时,容易出现误差和失真,目前多用信息控制技术的方法来解决。

3. 字库与字体

计算机中文字和符号是由字库提供的,计算机字库是重要的软件之一,用于屏幕的显示及打印、照排输出。彩色桌面出版系统使用的标准字库主要有 PostScript 字库和 TrueType 字库,它们都是采用曲线方式描述字体轮廓,因此都可以输出高质量的字形。

TrueType 字体一般由操作系统直接管理,一旦系统启动它就发生作用,由系统统一协调和处理,应用软件安装后所附加的字体在系统启动后被同时加载,随时供用户使用。

二、印前图像处理

1. 图像分类

1)模拟图像

模拟图像是通过某种物理量的强弱变化来表现图像上各点颜色信息。印品图像、相片、画稿、电视屏等图像都是模拟图像。

2)数字图像

数字图像是指把图像分解成被称为像素的若干小离散点状,并将各像素的颜色值用量化的离散值即整数值来表现的图像。数字图像必须依靠计算机读取,离开了计算机就无法进行数字图像的读取、提取工作。

2. 图像处理

非电子原稿经过扫描以后得到的数字图像或数字原稿,通常是不能直接进行印刷的,需要进行一定的

处理后才能制作出印版。

图像印前处理包括画面的修脏、颜色的调整、层次的调节、分色、加网等操作,将原稿制作成符合印刷要求的制版文件。

第二节
页 面 排 版

为了按照印刷要求完成复制图文合一的页面信息的任务,除对图文本身的信息进行处理外,还要针对印刷制品的技术要求进行版式制作,将图像、文字等信息统一组合在一个版面上,即排版。

一、版面设计

1. 版面构成

印刷版面由版面所需的要素组成,书刊版面要素主要有标题、正文、插图,以及翻口、天头、地脚内的页眉、页码等。版面构成示意图如图 3-2 所示。

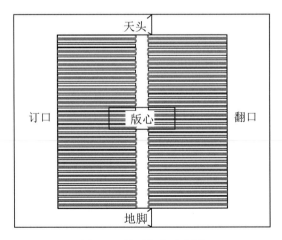

图 3-2　版面构成示意图

1)版心

版心指文字、图像在页面内所占据的区域,是版面上的印刷部分,图文组合在版心的有效范围之内进行。

2)翻口

翻口是版心至印刷成品边缘的空白区域。

3)天头、地脚

天头、地脚是版心上下两端至印刷产品边缘的空白区域。

印刷页面除统一组合好之外,还需要设置上印刷机所需的套准线、质量检测的测控条、折页装订的标志线、包装盒类的模切标志线等,还必须考虑上印刷机的各种技术参数及印后工序的加工技术参数,如出血位、叼口尺寸(也称咬口位)、订口宽度、裁切线、中线、轮廓线、套印线等。

2. 开数

开数是以整张纸排列出成品的个数或张数来表示。按照国家标准分切的平板原纸称为全开纸,对折裁切称为对开,再对折裁切称为四开,以此类推。由于纸张的规格不同,所以裁切出的尺寸或开数的尺寸也不同。

开数主要表现在两个方面:① 产品的大小规格;② 上机印刷的开料规格。

3. 组版

组版是指处理好图像、图形、文字,按照设计的页面组合成单页的版式。将同色内容的底片(菲林)拼合在一张胶片上,形成四张原色版面或多张专色版面的胶片。

二、拼大版

将组版的单页胶片,按照成品规格的大小或书籍页码的顺序,拼成适合印刷机生产的版面。大版类型有单面印刷版、双面印刷版,双面印刷版又分为正反两面印刷版(也称正反版)、前后翻转版(大翻身版)、左右翻转版(自翻版)。

第三节
制　　版

一、平版制版

生产中常用的平版有 PS 版、平凹版、蛋白版(平凸版)、多层金属版等。印版主要的原理是亲油疏水和亲水疏油的过程,图文部分亲油,空白部分亲水。

1. PS 版

PS 版是预涂感光版(presensitized plate)的缩写,版材有 0.5 mm、0.3 mm、0.15 mm 厚度的铝板。制版工艺过程是电解粗化、阳极氧化、封孔,版面上涂布感光层,制成预涂感光版。PS 版分为阳图型 PS 版和阴图型 PS 版。

2. 平凹版

平凹版是用阳图底片晒制的印版。经过磨版和前腐蚀的锌板或铝板,在表面涂布感光胶,再经烘干,与阳图底片一起放到晒版机内进行曝光。制版工艺过程是磨版、前腐蚀、涂感光胶、晒版、显影、腐蚀、擦显影、

除膜、上胶。

3. 蛋白版

蛋白版是在经过研磨、已有砂目的金属锌板上,涂布一层由蛋白、重铬酸铵和氨水配置而成的感光液,烘干后和阴图底片一起放进晒版机内进行曝光。蛋白版的成本低,操作简单,但感光层耐酸、耐碱性比较差,适应少量的印刷产品。

4. 多层金属版

多层金属版按照图文凹下或凸起的形态分为平凹版和平凸版,使用比较多的是平凹版。铜金属上镀铬制成两层平凹版,铁金属上镀铜后再镀铬制成三层平凹版。多层金属版耐印力非常强,但制版时间长、成本高,阶调色彩再现效果不如 PS 版,适合印制数量大的券票底纹和包装材料等。

二、CTP 版制版

CTP 是通过计算机直接制版。这套系统更为先进,减少了生产工艺环节,它不需要经过制作软片、晒版等中间过程,只需将计算机处理好的版面信息进行激光扫描,直接将版面的信息复制到印版上成像。

(一)CTP 制版流程

CTP 制版流程如图 3-3 所示。

图 3-3 CTP 制版流程

1. 数字印前处理系统

数字印前处理系统的主要功能是将原稿的文字、图像、图形编辑成数字式信息版面,经过印前文字图像处理、页面拼版、彩色桌面出版系统制作即可完成。

2. 光栅图像处理器

光栅图像处理器是把数字式印前系统制作成的数字式版面信息,再转换成点阵式整页版面的图像,用一组水平扫描线将图像输出。RIP 是开放式系统,能对不同的系统生成数字式版面信息。

3. 照排机

照排机是连接印前系统和印版的重要设备。其作用是经过 RIP 的连接,将数字式版面信息直接扫描输出到印版上,通常采取激光扫描直接将数字式版面扫描记录在印版上。

4. 显影机

显影机是后处理设备,通过显影、定影、冲洗、烘干等过程,把照排机所生成的潜影图像的版面印版转变成上机印刷的印版。

计算机直接制版机有三大类,即内鼓式、外鼓式、平台式。生产常用的是内鼓式和外鼓式,平台式主要用于报纸等大幅面印版制作。

(二)CTP 版材

CTP 使用的版材主要有银盐扩散型、感光树脂型、银盐复合型、热敏型四种类型。

1.银盐扩散型版

银盐扩散型版是在经粒化与阳极化处理的铝基板上依次涂布物理显影核层和感光卤化银乳剂层。版材在激光曝光及显影过程中,非图文部分的卤化银经过化学显影还原为银留在乳化层中,经水洗后呈亲水性。未曝光图文部分的卤化银与显影液中的络合剂结合,扩散转移至物理显影核层,在催化作用下还原为银,形成亲墨性。

2.感光树脂型版

感光树脂型版是在粗化后的铝基板上涂布加有染料的光敏树脂层,再涂覆聚合物保护层。曝光部分的感光树脂乳剂中的亲水性分子发生聚合,形成不溶于水的聚合物。经过显影将未感光部分的树脂清洗掉,固化的树脂部分不溶于碱性显影液,留在版面上形成亲油墨的网纹。

3.银盐复合型版

银盐复合型版是在版材底部涂上一层耐印力高、对紫外线感光的树脂层,在这层感光树脂上再涂布一层卤化银覆盖。在制版过程中,卤化银层先曝光,显影、水洗、定影后产生保护层,再进行紫外曝光,将被曝光的光聚合物清洗掉,未曝光的作为印刷图文部分,再次进行显影、水洗及亲油化处理即可。

4.热敏型版

热敏型版有热交联版、热烧蚀版、热转移版等。热交联版是在铝基板表面涂一层聚合物乳剂,不需保护层。聚合物内含有一种红外吸收染料,在一定的温度下只有成像或不成像两种状态。在红外激光照射后,聚合物交联形成潜影,同时需要热处理加速交联作用,经过碱洗显影后,清洗掉热敏版上的保护层和未曝光部分的聚合物层,只留下曝光的图文部分。

三、凸版制版

凸版印刷的印版分为铜锌版、活字版、铅版、感光树脂版。

1.铜锌版

用铜板做材料制成的版称为铜版,铜版使用在网点线数较高的图像印版上。用锌板做材料制成的版称为锌版。锌版使用在线条原稿的印版上。在日常生产中习惯上称为铜锌版。

铜锌版制作的工艺流程如图 3-4 所示。

图 3-4　铜锌版制作工艺流程

2.铅版

铅版也称为纸型铅版,以铅活字版为原版复制而成。其特点是印版的耐印力高,并且可以用于异地或

多台印刷机印刷。

铅版制作工艺流程如图 3-5 所示。

$$原版 \rightarrow 制纸版 \rightarrow 浇铸铅版 \rightarrow 修版 \rightarrow 电镀$$

图 3-5　铅版制作工艺流程

四、柔性版制版

柔性版也称为感光性树脂凸版,柔性版由光敏树脂构成,经紫外线直接曝光,使树脂硬化形成凸版。柔性版具有规格稳定、制版时间短、质量高、厚度均匀及耐磨性好等特点。

(一)液体固化型感光树脂版

液体树脂版在感光前树脂为黏稠、透明的液体,感光后交联成固态,主要成分有树脂、交联剂、光引发剂、阻聚剂等。

液体树脂版的制作工艺流程如图 3-6 所示。

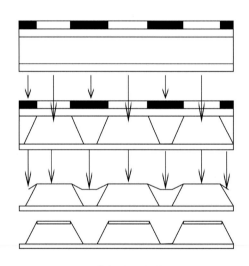

图 3-6　液体树脂版制作工艺流程

液体固化型感光树脂版制作过程如下。

1. 铺流

配制感光树脂,注入成型机料斗,感光树脂从料斗流出时,用料斗顶端的刮刀把流出的感光树脂刮成一定的厚度,并要保证厚度的均匀一致。

2. 曝光

在铺流的感光树脂上覆盖一层透明薄膜,将正向阴图底片放在上面,先正面曝光,后背面曝光,正面曝光时间比背面曝光时间要长近 10 倍。

3. 冲洗

将曝光好的感光树脂放入冲洗机内,用浓度为 3%～5% 的稀氢氧化钠溶液进行冲洗,溶液温度保持在 35 ℃左右。

4. 干燥和后曝光

把冲洗后的感光树脂版放入红外线干燥器中进行干燥,等感光树脂版完全干燥后,再进行一次后曝光,其目的是增加印版强度和提高耐印力。

(二)固体硬化型感光树脂版

固体树脂版是在聚酯薄膜的片基上涂布感光树脂,经曝光、冲洗,即可得到浮雕状的凸版。固体树脂版的制作工艺与液体树脂版的制作工艺基本相同,经过曝光、冲洗、干燥、后曝光,但多出一道工序,即热固化处理。在进行热固化处理时,烤箱内的温度必须达到 120～130 ℃,使聚乙烯醇脱水,提高印版的硬度。

(三)直接制版

使用计算机直接制柔性版有两种方法,一种是激光成像制柔性版,另一种是直接激光雕刻印版。激光成像是使用计算机的直接制版系统,用数字信号指挥 YAG 激光产生红外线,在涂有黑色合成膜的光聚版上,通过激光将黑膜烧蚀而成阴图。激光雕刻是以电子系统的图像信号控制激光,直接在单张或套筒柔性版上进行雕刻,形成柔性版。

五、凹版制版

凹版的印刷及印版的原理与凸版、平版都不同,凹版是以图像或线条的墨层厚度来表现图像层次,而凸版和平版是以网点面积大小以及线条的粗细疏密来表现图像层次的。因凹版印刷的墨量比较大并有一定厚度,印品上的图像具有微凸的效果。

(一)凹版印版类型

凹版印版根据图文形成的不同,分为雕刻凹版和腐蚀凹版。

1. 雕刻凹版

雕刻凹版有手工雕刻、机械雕刻及电子雕刻,是利用雕刻刀在印版上把图文部分挖掉。为表现图像层次的丰富效果,挖去的深度和宽度各不相同,深度越深,色彩就越浓;反之,深度越浅,色调就越淡薄。

2. 腐蚀凹版

腐蚀凹版有照相凹版和照相加网凹版两种,是利用照相和化学腐蚀方法,将需要的图文通过腐蚀制作出的凹版。

(二)雕刻凹版工艺

雕刻凹版按工艺分为手工雕版、机械雕刻版、电子雕刻版和激光雕刻版。

1. 手工雕版

手工雕版分为直刻凹版、针刻法凹版和镂刻法凹版。

1)直刻凹版

采用钢质等金属材料,经过材料退火、版面加工,再转印图像轮廓,用雕刻刀手工雕刻,工艺流程如图 3-7 所示。

图 3-7 直刻凹版工艺流程

2)针刻法凹版

在金属版材上用专业的雕刻针工具,用手工雕刻方式直接雕刻出图像,工艺流程如图 3-8 所示。

图 3-8 针刻法凹版工艺流程

3)镂刻法凹版

镂刻法是用压花铲等工具进行雕刻,在版材上直接勾画出图文,版材表面涂上油墨,用压花铲或压花轴在版材表面滚压出图文,再用刮刀或压光板对表面不平整的毛刺进行修整,然后再用压花轴重新滚压出图文。

2. 机械雕刻版

用雕刻机械通过移动雕刻出平行线、彩纹(由弧线、波浪线、曲线、圆、椭圆等组合成的花纹),组合成图文。主要雕刻机械有平行线雕刻机、彩纹雕刻机、浮凸雕刻机、缩放雕刻机。

3. 电子雕刻版

电子雕刻是集现代化机械、光学、电学、计算机为一体的制版方法,能迅速、准确、高质量地制作出凹版。电子雕刻凹版效果细腻、层次丰富,现已广泛运用于凹版印刷领域。

1)电子雕刻机的原理

电子雕刻机由原稿扫描滚筒、印版滚筒、扫描头、雕刻头、传动系统、电子控制系统组成,如图 3-9 所示。

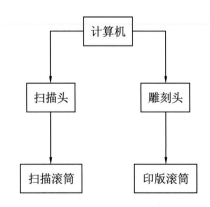

图 3-9 电子雕刻机工作图

电子雕刻机的功能有很多,如圆周方向无缝雕刻、层次自动调整、网穴角度调整等。

2)电子雕刻凹版的制作工艺

电子雕刻凹版的工艺流程如图 3-10 所示。

图 3-10　电子雕刻凹版工艺流程

4.激光雕刻版

滚筒表面腐蚀成所需要的网格状,表面喷涂环氧树脂,再进行激光雕刻。

激光雕刻凹版工艺流程如图 3-11 所示。

图 3-11　激光雕刻凹版工艺流程

(三)腐蚀凹版工艺

1.照相凹版工艺

照相凹版又称影写版,先把原稿制成阳图片,经过修整后使用。在敏化处理的碳素纸上,用凹印用的网屏曝光,再用阳像底片曝光。在碳素纸上的感光层,因阳像浓淡不同的密度而产生不同程度的硬化,再将曝光后的碳素纸过版到滚筒面上,经过温水浸泡,逐渐把没有硬化的胶质溶掉,再用三氯化铁溶液进行腐蚀。由于图文层次密度不同,胶层硬化程度也不同,三氯化铁溶液对胶层的渗透程度也不同,因此,就形成了深浅不同的凹陷,制作出图像层次丰富的凹版。

照相凹版工艺流程如图 3-12 所示。

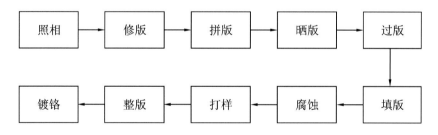

图 3-12　照相凹版工艺流程

2.照相加网凹版

直接在印版滚筒表面涂布感光液,再附网点阳图片晒版,在光的作用下,空白部分的胶膜感光硬化。硬化的胶膜保护滚筒表面不被腐蚀,形成非图文面,图文部分就被腐蚀成深度相等而面积大小不等的网点,制作出所需的凹版印版。照相加网凹版工艺特点就是不需碳素纸转移图像。

照相加网凹版有深度相同和深度不同的制版方法。

1)深度相同的照相加网凹版

深度相同的照相加网凹版是使用网目调阳像底片,代替了照相凹版用的连续调阳像底片来晒印版滚筒。其制作工艺流程如图 3-13 所示。

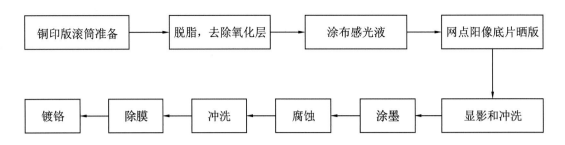

图 3-13　深度相同的照相加网凹版工艺流程

2）深度不同的照相加网凹版

将照相凹版与照相加网凹版两种制作方式结合起来，形成有深度变化的照相加网凹版。其制作工艺流程如图 3-14 所示。

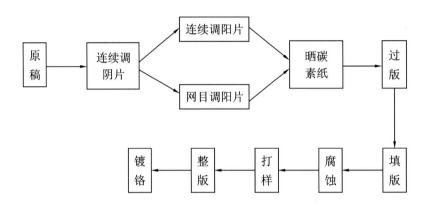

图 3-14　深度不同的照相加网凹版工艺流程

六、丝网版制作

丝网印刷简称为丝印，也称为漏印、丝漏、丝漆印。丝印是非常古老和传统的方法，是孔版印刷中应用最为广泛的一种方法。丝网以真丝、尼龙、涤纶、不锈钢丝等编制而成。丝网印刷具有制版速度快、印刷简单方便、设备投资少、成本低、承印物范围广等特点。

（一）版基准备

1. 丝网

丝网是一种网状物，在丝网印刷中是印版的骨架，它作为支撑版膜和油墨的基体，决定了印版的表面性能、漏墨性能、位置精度、耐印能力等，直接影响印品的质量。

丝网主要材料有绢网、尼龙网、涤纶网、不锈钢网、防静电丝网等。

丝网主要技术参数有目数、孔径、丝径、网厚、网孔面积率等。

2. 网框

网框是固定丝网的支架，丝网和支架组合成网版，也称为印版的版基。网框对保证丝印质量、提高网版使用寿命起着重要的作用。网框可采用木框、金属框、塑料框等。

3. 绷网

绷网即将准备好的丝网材料绷在网框上。绷网工艺主要包括丝网拉紧和丝网固定,也称拉网和固网。

(二)制版

利用感光材料,经过见光而发生物理或化学反应,使用晒版的方式制作版膜。感光膜见光部分发生硬化,未见光部分不会产生硬化,再用适当的溶剂侵蚀该膜,因硬化处耐腐蚀,未硬化部分易腐蚀溶化,这样就形成了一块版膜。将版膜和丝网黏合在一起即成丝网印版。

1. 感光制版方法

感光制版方法可分为直接法、间接法、直间法三种。

1)直接法

直接法是直接将感光胶涂布在丝网上,再进行晒版而制成印版的制版方法。其制版工艺流程如图 3-15 所示。

图 3-15　直接制版法工艺流程

2)间接法

间接法是先将阳图底片与感光膜紧合在一起,经过曝光、固化、显影即可制成具有图文的版膜,然后将版膜粘贴在网版上。其制版工艺流程如图 3-16 所示。

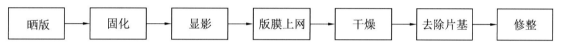

图 3-16　间接制版法工艺流程

3)直间法

直间法是综合直接法和间接法的制版方法。先将涂有感光材料的片基感光胶膜朝上平放在台面上,再将绷好的网框平放在片基上,然后在网框内放入感光胶,并用软质刮板加压涂布,干燥后拿去片基,再经过曝光、显影,即制成丝网印版。其制版工艺流程如图 3-17 所示。

图 3-17　直间制版法工艺流程

2. 其他制版方法

其他丝网制版方法主要有:

① 喷绘扫描曝光直接制版法;

② 红外线制版法;

③ 照相腐蚀制版法;

④ 电子刻版法;

⑤ 激光制作金属版膜制版法。

第四节
打　　样

　　印品打样是印刷生产过程中的一个重要环节,其目的就是尽量减小生产中产生的色彩差距,以保证产品的质量。同时,也起到校对的作用,并可纠正制作过程中所发生的文字、色调、图像、照片、图画等错误,从而保证批量生产可靠进行。

　　打样是印刷中不可缺少的工序,不同的印刷方式应采取不同的打样形式。最为复杂的打样是平版打样,平版打样必须具备专用打样设备,由专职技术人员操作。凸版、凹版打样就比较简单。柔性版由贴版打样机打样,也可直接上柔印机打样。

　　随着科学技术的不断发展,打样机自动化的程度也非常高。

一、机械打样

　　使用打样机打样也称为模拟打样,机械打样的条件基本与印刷机的条件相同,如纸张、油墨、印刷方式等。机械打样同样也需要把原版晒制成印版,然后安装到打样机上进行印刷,得到样张。与印刷机不同的是,打样机是一张一张送纸,颜色也是一色一色套印,谈不上生产效率。打好的样张,首先经过审核、校对,确定版面、色调、文字、规格无误后,再送至用户审核签名,方可批量生产。

　　平版单色打样机如图 3-18 所示。

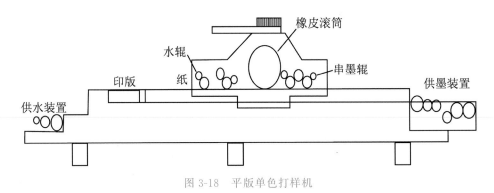

图 3-18　平版单色打样机

二、打样工艺

1. 准备工作

　　接收打样生产通知单,认真阅读工单的各项要求,检查打样机的机械部位,准备打样的印刷材料和辅助材料。

2. 晒版、上版

　　将原版(菲林)清洗干净,将 PS 版与原版进行定位,再送至晒版机进行晒版。然后对晒好的版进行检查,查看是否干净、是否有渗网等情况,确定无误,再将 PS 版上至打样机。

3. 输水、输墨

开机打样前,先输水润湿版面,输水上版的水量控制在微湿状态,在保证版面上不脏的前提下,尽可能地少输水。输墨包括加墨、匀墨、着墨,在操作过程中,为了保证版面清洁和图文快速上墨,操作人员应使用湿布反复抹擦版面。

4. 送纸套印

一般打样机都是半自动单色印刷,输纸方式多为手工给纸、收纸,纸张放置在输纸台上的居中位置。机器开始运行时,应先过几张过版纸,待水、墨基本平衡后,再进入试印,直到印版、印张的水墨最佳并处于稳定状态时,再正式送纸印刷,得到高质量的色样和样张。

5. 换版洗墨

每色印刷完毕需要换版洗墨,先将平台上的印版清洗干净,并涂擦保护胶然后卸版,放置在指定的存放处。再换上第二块(第二色)印版。依次进行,直到全部完成。

6. 设备保养

生产完毕,应及时清洁机台,将机台周围的杂物、废纸、脏物清理干净,对有用的过版纸应按照规格整理好,摆放到指定的纸架上。机台清理干净后,对该加油的机械部位加油,并用机罩或大纸或布将机器盖好。最后关闭总电源。

Yinshua Sheji yu Gongyi

第四章
印刷材料

印刷过程是将印版上的图文通过油墨转移到承印物上去。印刷方式多种多样,应根据印品的要求,选择适合的材料,再选择相应的印刷方式,把所需的图文复制出与原稿相同的印品。

印刷材料有纸、塑料薄膜和印刷油墨。

一、纸

纸张是印刷领域中不可缺少的重要材料。纸张在日常工作和生活中,主要用于书写、复印、印刷、包装物、绘画、书籍等。

1. 纸张规格

纸张规格包括尺寸、开本、重量。

1)纸张常用尺寸

印刷纸张分为板纸和卷筒纸。板纸的常用尺寸是 787 mm×1 092 mm、889 mm×1 194 mm、880 mm×1 230 mm、1 000 mm×1 400 mm,这些纸张规格称为全开纸或全张纸。卷筒纸的长度为 6 000 m,宽度为 787 mm、880 mm、1 092 mm 等。

2)纸张开本

开本也称为开数,开数是针对书刊、印品在标准纸张(全张纸)上所占据的幅面大小而言的,即在全张纸中能排列出多少个产品。书籍规格通常有 16 开、32 开、64 开等;包装类开数就非常广泛,没有固定规格,可根据产品的大小随意选取,从全开到几十开都有。纸张开数如图 4-1 所示。

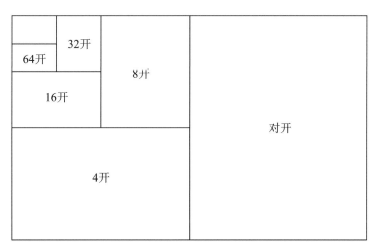

图 4-1　纸张开数

3)纸张重量

纸张的重量以定量和令重来表述。定量是纸张单位面积的重量,单位为 g/m^2。常用的纸张定量有 50 g/m^2、60 g/m^2、70 g/m^2、80 g/m^2、100 g/m^2、120 g/m^2、128 g/m^2、157 g/m^2 等,定量越大纸张越厚。

令重是指每令全张纸的总重量,每令纸为 500 张,单位为 kg。

由于纸张的尺寸和定量各不相同,因此,令重必须根据尺寸和定量来计算,计算公式如下:

$$令重(kg)=[每令纸的面积(m^2)×定量(g/m^2)]÷1000$$

2. 纸张分类

纸张种类有很多,通常分为涂料纸和非涂料纸。定量 200 g/m^2 以下的纸称为纸张,200 g/m^2 以上(含

200 g/m²)的纸称为卡纸或纸板。主要纸类的名称有以下几种。

① 薄纸:定量在 45 g/m² 以下的纸。

② 卡纸:定量在 200 g/m² 及以上的涂料纸,如白板卡、铜版卡。

③ 纸板:定量在 200 g/m² 及以上的非涂料纸,如灰纸板、黄纸板。

④ 轻涂纸:涂料纸的涂料占造纸原料的 15％以上,轻涂纸的涂料占造纸原料的 10％～15％,定量一般在 100 g/m² 以内。

3. 纸张的印刷适性

纸张的印刷适性是指纸张与印刷条件相匹配,适合于印刷作业的性能,包括纸张的平滑性、吸墨性、韧性、弹性、经纬细腻度等。

印刷产品的纸张能够达到以上所述的条件,是保证印品质量的重要因素。纸质条件好,印品的色彩效果就好,手感就顺,产品就平整,所以,纸张的印刷适性是印刷质量的重要保证。

二、塑料薄膜

塑料薄膜是现代包装印刷的主要材料之一,其优点是透明度好、防潮抗氧化、表面光滑、韧性好耐折等。随着现代工业的发展,塑料薄膜的种类也越来越多,产品包装的选择范围也越来越大。

1. 塑料薄膜常用种类

印刷产品包装的塑料薄膜应无毒无味,并达到一定的强度、柔软度、抗污染性能。常用的塑料薄膜材料有聚乙烯(PE)、聚丙烯(PP)、聚苯乙烯(PS)、聚酰胺(PA)、聚酯(PET)、聚氯乙烯(PVC)等。

2. 塑料薄膜印前处理

为了提高塑料薄膜的表面张力,以及提高薄膜与油墨的黏结强度,在印刷前必须对薄膜进行表面处理。

塑料薄膜最常用的表面处理方法是电晕处理。电晕处理使薄膜表面氧化,产生极性,提高表面张力,对油墨产生很强的亲和力、吸引力,增加油墨的印刷牢度。同时,电晕处理使薄膜表面粗糙化,其目的就是造成有利于油墨吸附的效果,让塑料薄膜完全适应印刷需要。

塑料薄膜的印前处理方式还有等离子处理、化学处理、溶剂处理、光化学处理等。

三、印刷油墨

印刷有多个种类,不同的印刷方式采用的油墨不同,不同的版材使用的油墨不同,不同的印品要求的油墨性能不同,因此,油墨的使用是根据印品的要求而决定的。

1. 油墨的分类

油墨按照以下方式进行分类。

① 按版材分类,分为平版油墨、凸版油墨、凹版油墨、柔性版油墨、丝网版油墨。

② 按承印物分类,分为纸类油墨、薄膜类油墨、金属类油墨、玻璃类油墨、陶瓷类油墨、皮革类油墨、纺织品类油墨等。

③ 按印刷机型分类,分为轮转机油墨、平版机油墨、丝网印刷机油墨、柔印机油墨、凸印机油墨、凹印机油墨。

④ 按色彩效能分类,分为套色油墨、普通彩色油墨、快干亮光型油墨、UV 型油墨、UV 混合型油墨。

⑤ 按特种印刷用途分类,分为热敏型油墨、光学型油墨、导电型油墨、磁性型油墨、发泡型油墨、防伪型油墨。

⑥ 按油墨干燥性分类,分为氧化结膜型油墨、挥发型油墨、渗透型油墨、热固型油墨、冷固型油墨、光固型油墨、湿固型油墨、微波型油墨、电子束固化油墨等。

2. 按印版分类的油墨应用

针对印版的特点来选择油墨。不同版材的印刷遵循不同的印刷原理,平版印刷是间接印刷方式,其印版表面必须由水润湿,故油墨必须具有较强的抗水性能。凹版印刷是直接印刷方式,凹版直接施压,并且转印于承印物的油墨是以图文部分的储墨量来决定网点的厚薄与色彩的深浅,因此,要求油墨具有较高的转移性能。凸版印刷主要分为两大类,一类是感光树脂凸版,另一类是感光树脂型柔性版,油墨也各具特色。丝网印刷所用的油墨有多种,油墨品种随着承印材料的变化而变化。目前市场上的丝网印刷油墨品种繁多,价格也有很多种。

现以平版油墨为例。平版油墨的种类主要有单张纸平版油墨、卷筒纸平版油墨、平版印铁油墨、UV 平版油墨、软管平版油墨、无水胶印油墨。

1)单张纸平版油墨

单张纸平版油墨主要分为植物油型与树脂型,植物油型油墨的环保性能很高,但价格高于树脂型油墨。树脂型油墨主要有亮光型、快干型、渗透干燥型、辐射固化型。生产使用时,应根据印品的材质及质量要求的不同,选择符合印刷适性要求的油墨。干燥形式以氧化结膜为主。

2)卷筒纸平版油墨

由于卷筒纸胶印机印速很快,一般达到 50 000 张/时 ,因此,油墨的快速干燥性能就成了最重要的性能条件。生产时主要选用渗透干燥快、流变性高的油墨,适应品种有渗透干燥型、热固型、辐射固化型。

3)平版印铁油墨

平版印铁油墨主要用于铁皮(马口铁)或其他金属薄板的印刷。由于承印材料的吸墨性能较差,油墨黏度要求较高。

4)UV 平版油墨

UV 平版油墨也称为紫外线固化油墨。UV 油墨由于具有高光泽度、耐磨性、瞬间干燥性、无毒性,能适应各种承印材料的印刷,适应性非常强,深受印刷企业的青睐。

5)软管平版油墨

软管平版油墨主要用于牙膏、药膏、化妆品、日用品等软管包装的印刷,这些软管多数采用塑料和薄金

属制成。软管印刷工艺是先印打底油墨,干燥后再印刷彩色图文,所以,软管印刷的油墨分为底色用的打底油墨和软管用的彩色油墨两大类。

6)无水胶印油墨

无水胶印油墨是印刷中不需用水作为润版液的胶印机所用的油墨,其特点是印版上的硅酮橡胶层形成的非图文部分的拒墨性、感光膜层的亲油性,从而完成印刷油墨的图文信息转移。无水印刷工艺简单、网点清晰、色彩鲜艳、光泽度好,是平版印刷的新技术。

Yinshua Sheji yu Gongyi

第五章

印刷工艺与设备

第一节
平 版 印 刷

1. 印前准备

1)用纸

平版印刷通常采用胶版纸、铜版纸、新闻纸、白板纸等。纸张要求质地紧密、纸面平滑、白度良好、不起毛、不脱粉、伸缩性小等。

为保证印刷的顺利进行,纸张的含水量应尽量小,符合印刷机的要求。如果纸张出现水分过多或过于干燥的现象,在印刷前应进行抽湿或吸湿处理,以达到纸张含水量的最佳状态。

2)匹配油墨

根据印品的色彩情况,了解并选择适宜生产厂家的油墨。油墨的质量要求主要是三原色的色相纯度高、油墨的黏度及流动性适当、油墨表面不易起皮等,达到这几个标准基本就能够满足印品的质量要求。

辅助材料的加入,要根据生产车间温湿度及纸张的质量情况而定。干燥油的加入一定要符合纸张的性能,如需加入干燥油,应逐渐添加。过量容易造成油墨堆版、堆橡皮胶布,加速油墨乳化,造成糊版的现象;用量过少,油墨不能在较短时间内干燥,造成印品背面擦花。

3)润版药水

在平版印刷过程中,版面应保持润湿,其目的就是让版面的空白部分不吸收油墨。

润版药水应在开机前调配好,注入印刷机的水斗中,并调整印刷机的供水系统,使水分完全适合印刷要求。水分过多,印品的图文和色彩感觉无力、苍白,缺乏立体感;水分过少,印品的图文和色彩感觉模糊、画面脏、重影、清晰度差。所以,平版印刷一定要保持水墨平衡,这样才能印出符合标准的产品。

2. 开机印刷

首先取好印版和打样稿,按照颜色的顺序依次将 PS 版(印版)安装到印版滚筒上。在开机前,应对机台的给纸、传纸、收纸情况进行检查,对拉规、印版滚筒、橡皮滚筒、压印滚筒进行校正和调整,最后开机套印,同时检查供墨、供水的平衡。

印刷时应保证印版的清洁,印出合格的样张后应交生产主管或客户审批,得到批准方可进行批量印刷。

3. 平版印刷机种类

平版印刷机有多种规格和型号,选用印刷机的规格和型号,应根据自身的业务范围和主要产品而确定。

平版印刷机按以下方式分类。

① 按纸张规格分为全张胶印机、对开胶印机、四开胶印机、八开胶印机。

② 按印刷色数分为单色、双色、四色、五色、六色等胶印机。

③ 按印品版面分为单面印刷胶印机、双面印刷胶印机。

④ 按输纸方式分为单张纸胶印机和卷筒纸胶印机。

平版印刷机如图 5-1 所示。

罗兰五色机　四开

海德堡双色机　四开

日本小森双色印刷机　四开

日本小森五色印刷机　对开

图 5-1　各种平版印刷机

第二节
柔性版印刷

柔性版印刷的特点是印刷速度快、承印材料适应性广、成本低、周期短,使用水性油墨或 UV 油墨,无毒无害,有利于环保,更适合于安全性能较高的食品包装、药品包装。

1. 贴版

贴版是将感光树脂柔性版用胶带粘贴到印版滚筒上。

1)贴版双面胶

贴版双面胶主要由中间基材层、两面粘贴层、单面或双面保护层纸构成。

① 基材层,是决定贴版胶带厚度的组成部分。基材主要有薄膜类基材和泡棉类基材两种,薄膜类基材弹性好,并且均匀。

② 粘贴层,其作用一方面是使保护层纸附着在基材表面,另一方面在保护层纸撕开后能紧密粘贴在印版滚筒与印版之间。

③ 保护层纸,防止基材层被划伤并起防尘的作用,同时便于解卷。

2)贴版操作

柔性版印刷机的印版,应事先粘贴在印版滚筒表面。为了保证贴版的准确性,一般都采用贴版机。

2. 柔性版印刷机

柔性版印刷机汇集了凸印、凹印、平印的印刷工艺特点。柔性版印刷机普遍采用高弹性凸版,使用带孔穴的金属网纹辊定量供墨,要求使用流动性能好、黏度较低的快干性溶剂或水性油墨,印刷质量能达到平印的效果。

柔性版印刷机适合各种纸张、塑料薄膜、金属薄膜、不干胶等多种材料。柔性凸版印刷机如图 5-2 所示。

图 5-2　柔性凸版印刷机

第三节
凹 版 印 刷

1. 凹版印刷工艺

凹版印刷机自动化程度高,工艺操作要比平版印刷简单,技术相对容易掌握。

凹版印刷工艺流程如图 5-3 所示。

印前工艺　→　上版　→　调整规矩　→　正式印刷　→　印后处理

图 5-3　凹版印刷工艺流程

2. 凹版印刷机

凹版印刷机(简称凹印机)有两种类型,一种是单张纸凹印机,另一种是卷筒纸凹印机。在生产中,通常选用的是卷筒纸凹印机。根据生产需要,凹版印刷机可以另配备一些辅助设施,以提高后续加工的效率,如印刷书刊的凹印机,附设折页功能、包装功能、模切压痕功能等。凹印机由输纸部分、着墨部分、印刷部分、干燥部分、收纸部分组成。计算机高速凹印机如图 5-4 所示。

图 5-4　计算机高速凹印机

第四节
丝 网 印 刷

丝网印刷历史悠久,是一种非常古老的印刷方式。丝网印刷的基本原理是,印刷图文部分通过网点漏孔渗透油墨,漏印到承印物上,空白部分的网孔是完全堵塞的,油墨无法渗透,所以承印物上就是空白的。

丝网印刷用途非常广泛,其他印刷机种无法做到的印刷任务,丝网印刷基本能做到,不受承印物的形状、面积等限制,灵活性、适应性非常强。

1. 丝网印刷工艺

丝网印刷有两种方式,一种是手工印刷,一种是机械印刷。

丝网印刷工艺流程如图 5-5 所示。

图 5-5　丝网印刷工艺流程

1)印前准备

制作丝网框架,固定丝网,形成印版。再把丝网印版安装到印刷机上,调整印版与印台之间的间隙,确定承印物的准确位置,调配油墨等。由于丝网印刷是依靠网孔漏墨,故油墨的黏度不宜过高,以保证油墨的流动和渗透。

2)刮墨板

丝网印刷是用橡皮刮墨板将油墨刮漏到承印物上,因此,刮墨板要求有较好的弹性,并具有耐溶剂性和耐磨性。丝网印刷应根据承印物材料的质地而选择刮墨板。刮墨板的造型有直角形、圆角形、斜角形等。

3)工艺要求

丝网印刷的墨层厚,油墨干燥速度缓慢,印品需要使用干燥架晾干或移动式干燥机干燥。如使用红外、紫外油墨印刷时,应采用红外、紫外干燥机干燥。

2. 丝网印刷机

1)誊印机

誊印机又称速印机,主要用于印刷文件。誊印机的印刷幅面一般在 8 开以内,印纸厚薄基本无限制,通常定量在 50 g/m² 及以上到卡纸都可以印刷。

2)丝网印刷机

丝网印刷机有单色、多色、手动、自动等机型,包括平面丝网印刷机、曲面丝网印刷机、圆网印刷机、静电丝网印刷机。

(1)平面丝网印刷机。

平面丝网印刷机是在平面上进行印刷的机型。丝网印版安装在专用丝网印版框架内,印版框架配有控制印版上下运动与橡皮刮墨板来回运动的装置。

(2)曲面丝网印刷机。

曲面丝网印刷机能在圆柱面、椭圆面、球面、锥面、各种容器表面、玻璃面、金属面上进行印刷。丝网印版是在平面上进行水平方向移动的,橡皮刮墨板固定在印版上,承印物与网版同步运动进行印刷。

　　(3)圆网印刷机。

　　丝网印版呈圆筒状,油墨装置安装在滚筒内部,可连续刮墨。圆网印刷机的均匀性能与清洁性能都优于平面丝网印刷机,一般用于卷筒匹布、墙纸的印刷。

　　(4)静电丝网印刷机。

　　静电丝网印刷机是利用静电吸附粉末状油墨进行印刷的丝网印刷机。印版用较好的导电金属丝网制作,利用高电压发生装置使其带正电,并使与金属丝网相平行的金属板带负电,承印物置于正负两极之间。粉末状油墨自身不带电,通过丝网印版后带正电。由于带负电的金属板吸引带正电的粉末,油墨便落到承印物上,经加热处理,粉末固化,形成永久图文。

　　丝网印刷机如图 5-6 所示。

简易丝网印刷机

椭圆形丝网印刷机

自动滚筒式丝网印刷机

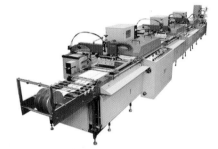

大型广告丝网印刷机

图 5-6　各种丝网印刷机

第五节
数 字 印 刷

　　数字印刷是用数字信息代替传统的模拟信息,直接将数字图文信息转移到承印物上的印刷技术。数字印刷将原始稿件的文字、图像等全部输入计算机内进行处理编排,无须经过电子分色、冲片、打样、晒 PS 版等工序,而是直接通过光纤网络将信号传输到 C、M、Y、K 四色数字印刷机上印刷,并且可以直接进行分色制版。

1. 数字印刷分类

通常把数字印刷分为在机成像印刷和可变数据印刷。

1)在机成像印刷

制版是在印刷机上直接完成,省去了中间的出片、拷片、拼版、晒版、装版等工序环节。由于在机成像印刷技术是直接印刷,因此也就减少了信息传递过程中可能出现的错误和损失,能够更加准确地完成图文复制的印刷任务,极大地提高了生产效率。

2)可变数据印刷

可变数据印刷是指在印刷机不停机的状态下改变印品的图文,在印刷过程不间断的情况下,可以连续印刷出不同的图文印品。可变数据印刷根据成像原理分为以下两类。

(1)电子照相。

电子照相也称为静电成像技术。它利用激光扫描的方法,在导体上形成静电潜影,再利用带电色粉与静电潜影之间的电荷作用力实现潜影的可视化,将色粉影像转移到承印物上而完成印刷。

(2)喷墨印刷。

喷墨印刷是使油墨通过设置,以均衡合理的速度,从细微的油墨喷嘴喷射到承印物上,经过油墨与承印物的相互作用,实现油墨影像的再现。

2. 数字印刷的特点

1)操作简单

兼容性强,能兼容 Photoshop、FreeHand、PageMaker、QuarkXPress、CorelDRAW 等计算机文件的输出印刷。数字印刷可实现对远程 PDF 数据信息的接收处理,充分体现数字印刷方便、快捷的优势。

2)工艺简化

可以通过快速的软硬件 RIP 生成 PS 文件,既可直接印刷,也可以经过电分系统直接分色成四色胶片,再经过晒版后,在其他种类的印刷机上用印版进行印刷。

3)个性化印刷

数字印刷的个性化及随意生产功能很强,无数量限制,从印刷一张到印刷几千张都可,并可随时加印、修改。

4)双面同时印刷

彩色数字印刷系统的软硬件 RIP 可以按照用户的要求,生成双面印刷 PS 文件,传输给数字印刷系统,数字印刷系统经过 RIP 进行栅格化处理,形成正反两面共两套 CMYK 印刷单元,通过计算机控制,可将两个不同的计算机文件合并成正反两面,即可一次完成双面印刷。

5)多页面系统

彩色数字印刷机配置了大容量内存,并支持多种颜色。如果每种颜色配有 72 MB 内存,即 C、M、Y、K 四色共有 288 MB 内存的话,数字印刷机可连续印刷 68 页 A4 的文件,并可依照编排好的页码顺序依次完成印刷。

Yinshua Sheji yu Gongyi

第六章
印后加工

印后加工就是将印刷品按照产品的性能或用户的要求,选择加工规定工序依次进行加工生产。印后加工一般分为三类:表面工艺加工、模切成型工艺和书刊装订。

第一节
表面工艺加工

针对不同的印品采用不同的工艺处理,包括书籍、画册、产品说明书等的封面处理,包装容器产品的表面处理,如上光、覆膜、电化铝烫印、压印等工艺处理。印品的表面工艺处理,不仅提高了产品的美观性,而且提高了产品的保护性和耐用性。

一、上光

上光是在印品的表面喷涂一层无色透明的涂料,经过流平、压光后,印品的表面就会形成透明的光亮层,从而使纸张表面呈现光泽的效果。在上光过程中,纸张表面的平滑度越好,纸面光泽度就越强。

(一)上光用途

① 增强印品表面平滑度和光洁度,主要适用于卡纸印刷的儿童卡通彩招、挂历、招贴画。

② 增加了印品表面的耐磨度,对印刷图文能起到一定的保护作用,主要适用于包装制品、书刊封面、画册封面。

③ 延长了印品的使用期,对防水、防污、耐热等起到一定的作用。

④ 提升了商品档次,增添了产品外观的艺术感,提高了商品的附加值。

(二)上光工艺

上光包括在印品表面涂布上光油和压光两个工艺过程。

1. 涂布上光油

印品涂布上光油后,不宜堆放积压,需要进行晾干处理,否则会造成粘连的情况。涂布上光油的工艺流程如图 6-1 所示。

图 6-1　涂布上光油工艺流程

上光机结构图如图 6-2 所示,上光机如图 6-3 所示。

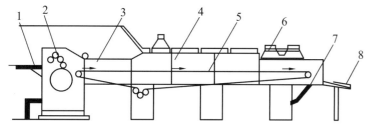

图 6-2　上光机结构图　　　　　　　　　图 6-3　上光机

1—送纸台;2—上光油区域;3—接纸部分;4—干燥箱;5—传送带;

6—冷却风扇;7—吹纸风扇;8—收纸台

2. 压光

压光就是将已涂布上光油的印品通过压光机温度和压力的作用进行加工的过程,经过压光后的印品表面呈现平滑光亮的效果。

压光机的压光钢带表面应该绝对平滑光亮。如果钢带表面凹凸不平,就会直接影响被压光的印品质量,凹凸部分就无法体现压光的效果,因此,压光钢带的质量直接影响压光印品的质量。

压光的基本原理是,通过压光钢带加温产生热量(加温的标准根据印品纸张的厚薄以及上光的生产要求而定),利用热滚筒和压光胶辊进行挤压,再经过压光机的冷却箱的处理,产生印品的光亮效果。

必须注意的是,印品压光后,不宜堆放积压,在纸面没有完全冷却时,如果积压成堆,会造成纸张变形,直接影响产品质量和后工序的加工生产。

压光生产工艺流程如图 6-4 所示。

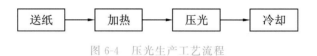

图 6-4　压光生产工艺流程

压光机结构图如图 6-5 所示,压光机如图 6-6 所示。

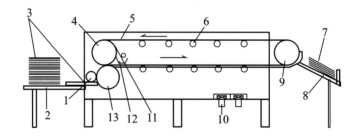

图 6-5　压光机结构图

1—进料辊;2—送料台;3—印品;4—热滚筒;5—压光钢带;

6—辅助辊;7—压光成品;8—收纸台;9—冷却滚筒;10—风扇;

11—刮刀;12—集尘槽;13—压光胶辊

图 6-6　压光机

二、覆膜

覆膜是将一层透明的塑料薄膜通过覆膜机、黏合剂,加热、加压与印刷品完全粘贴在一起,起到美观、提高产品档次的作用,同时,也对印品表面起到了防水、防污、耐磨等作用。

1. 覆膜的原理及应用

1) 覆膜原理

覆膜原理是将黏合剂经过覆膜机胶水槽均匀地涂布在塑料薄膜上,覆膜机加温箱对已涂布黏合剂的塑料薄膜进行加温,达到一定温度,与印刷纸张在机台压力下形成完全复合的效果。

2) 覆膜的应用

经过覆膜的印品,表面色彩效果非常鲜艳,光滑、光亮,并具有耐磨、防潮、防尘的功能,还可以延长印刷品的使用寿命,同时也提高了印品的观赏价值和艺术品位。

覆膜工艺广泛用于书刊封面、画册封面、宣传海报、产品包装及挂历、各类说明书等。

2. 覆膜工艺

覆膜工艺分为现涂覆膜和预涂覆膜两种。现涂覆膜又分为湿式覆膜和干式覆膜两种。

1) 现涂覆膜

其覆膜材料是卷筒塑料薄膜,薄膜上没有黏合剂,要经过覆膜机涂布黏合剂后再干燥,然后施加压力,与印品复合到一起。

现涂覆膜的工艺流程如图 6-7 所示。

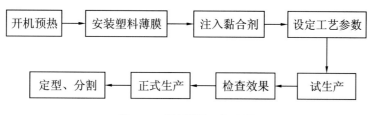

图 6-7　现涂覆膜工艺流程

2) 预涂覆膜

预涂覆膜是指将黏合剂预先涂布在塑料薄膜上,经过干燥,收成卷筒,在无黏合剂涂布装置的覆膜机台上加热加压,从而完成覆膜过程。预涂比现涂要少涂布黏合剂的工序,增加了加热工序。

预涂覆膜的工艺流程如图 6-8 所示,覆膜机如图 6-9 所示。

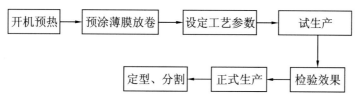

图 6-8　预涂覆膜工艺流程

半自动覆膜机

全自动覆膜机

图 6-9　覆膜机

三、电化铝烫印

电化铝烫印俗称烫金,是将电化铝箔安装到烫金机上,经过机器电热板加热后转印到印刷品或其他承印物上的过程。

1. 烫金的原理及特点

1)烫金的原理

烫金的原理就是利用电热板加热产生热压,将电化铝箔隔离层热熔性有机硅树脂熔化,使铝层与底膜完全脱落,同时转印到烫印物料上。烫金过程需具备四个条件:温度、压力、铝箔和烫印版。

2)烫金的特点

① 化学性质稳定,有金属光泽。

② 色彩多样,有金、银、红、蓝、绿等颜色。

③ 生产工艺简单,易操作。

④ 具有较强的视觉效果。

⑤ 适用性广,如纸、皮革、塑料、有机玻璃等材质均可。

3)烫金的作用

烫金的视觉效果是其他工艺无法代替的,主要作用有:

① 提高产品档次,提升产品附加值。

② 表现产品的特性。

③ 全息定位烫印可防止假冒,维护产品的品牌地位。

2. 烫金设备

烫金机压印方式有平压平、圆压平、圆压圆三种类型。日常生产中以平压平烫金机为主要设备。平压平烫金机结构图如图 6-10 所示。

烫金机的种类有手动式、半自动式、全自动式。机型有立式、卧式。

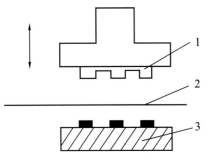

图 6-10　平压平烫金机结构图

1—电热烫印版;2—电化铝箔;3—烫印物

烫金机如图 6-11 所示。

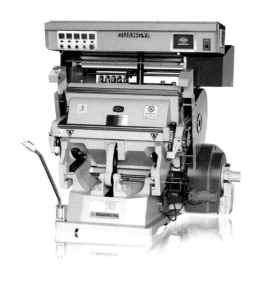

计算机烫金机

普通烫金机

图 6-11　烫金机

3. 工艺参数

烫印工艺参数主要包括烫印温度、烫印压力和烫印速度。

1）烫印温度

在烫印过程中温度达到生产条件才能完成烫印工艺。温度过低时,电化铝隔离层和胶黏层不能熔化,造成烫印不上或烫印不实。温度过高时,热熔性膜层超范围熔化,造成糊版和电化铝箔没有光泽。

2）烫印压力

调整压力非常重要,应根据烫印物的实际条件而决定压力的大小。油墨量较大的印刷品,压力和温度需要偏高一些,并且印品在烫印前必须晾干,否则烫印后容易脱落或难以烫印上。印品油墨量较少时,压力和温度可稍偏低。

3）烫印速度

烫印过程中,应调整好机器运行速度,保持电化铝停留在印刷品表面上的合理时间。通常情况下,电化铝停留在印品表面上的时间与烫印牢固度是成正比的。烫印速度稍微慢点,有利于保证烫印效果;烫印速度过快,易造成电化铝熔化不完全,致使烫印不上或烫印虚边。所以,正式烫印前应做好各项调试工作,保证产品的质量和生产的顺利进行。

四、压印

压印工艺俗称压凹凸,是利用阴阳图制成的锌版或铜版,通过外来压力的作用,使印品产生塑性变形,达到特有的艺术浮雕效果。压印原理如图 6-12 所示。

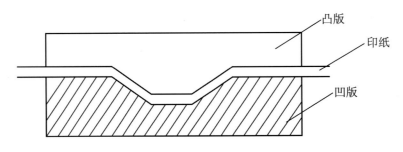

图 6-12 压印原理

1. 压印的特点与作用

压印能产生立体浮雕效果,使画面更有层次,图文更为生动。

压印工艺一般针对纸制品,使平面图文与立体图文相结合,粗犷与细腻相对比,产生艺术上的完美组合。

2. 压印工艺

压印工艺流程包括制作压印版和凹凸压印。

1)制作压印版

利用印版的阴阳胶片,通过曝光、腐蚀的过程,以锌版或铜版为材料,制成凹凸版。压印版应成套使用,即凹版和凸版。凹版和凸版在压印时应完全吻合。凹版需承受较强的压力,故制作凹版时应选用强度较高的材料,厚度一般为 2 mm 左右。凸版受力较小,所以选用材料强度较低,厚度一般是凹版材料厚度的一半。

2)凹凸压印

压印版制成后,将版安装到模切机台上,装版时要将压印版粘牢,定位准确,调整好模切机的压力。压印压力过小,凹凸效果不明显;压印压力过大,凹凸部分的承压面容易破损。因此,压印的压力很重要,必须调整到最佳状态,使印刷品达到设计所要求的效果。

第二节
模切成型工艺

模切成型工艺是将印刷品进行模切加工后,制成所需的包装盒、容器制品的工艺过程。

一、模切压痕

模切压痕是同步生产工序,先制作模版,再利用模版通过模切机将印品轧切成所需的成品形状,这个生产过程称为模切压痕。

模切压痕加工技术,主要针对各类纸制品、皮革等适合模切机生产的材料。

1. 模压原理

根据印品或样品的要求,将模切钢刀、钢线按照印品或样品的图形制作成模版。在模版和垫板中间夹承压物,通过模切机的压力使印品模切成型。模压原理示意图如图 6-13 所示。

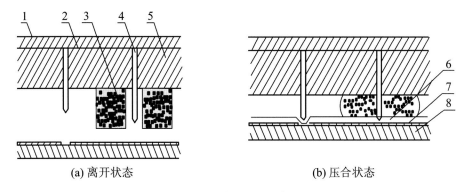

(a) 离开状态　　　　　　　(b) 压合状态

图 6-13　模压原理示意图

1—版台;2—钢线;3—海绵(或橡皮);4—钢刀;5—衬空材料;

6—印品;7—垫板;8—压板

2. 模切机分类

模切机分为半自动和全自动两种。

模切机规格有四开机、对开机、全开机。

模切机根据结构可分为平压平、圆压平和圆压圆三种。平压平模切机又分为立式平压平和卧式平压平两种。

模切机结构图如图 6-14 所示。

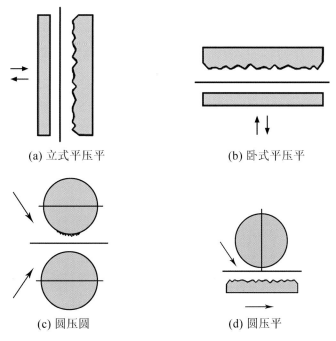

(a) 立式平压平　　　　　　　(b) 卧式平压平

(c) 圆压圆　　　　　　　(d) 圆压平

图 6-14　模切机结构图

3. 模切压痕工艺

模切压痕工艺分为设计模版、制作模版和上机模压三个步骤。

模切压痕工艺流程如图 6-15 所示。

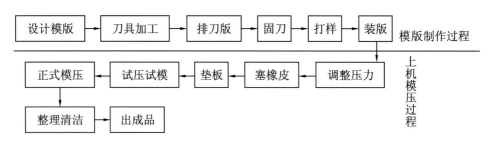

图 6-15　模切压痕工艺流程

1)模版的设计

模版根据印品的规格大小而定,视印品的尺寸、质量要求、生产数量、适合生产的机台等要素,选用底版材料、钢刀、钢线等。模版制作的质量优劣,直接影响产品质量的优劣。

2)模版的制作

① 底版制作　根据印品或样品的设计要求,将结构平面图所需裁切的模切线、折叠线(压痕线)准确地复制到底版上,用模版机台对准复制图形锯列出镶嵌钢刀、钢线的缝槽,以备装入刀线所用。

② 钢刀、钢线成型加工　根据制作的底版图形,按照钢刀、钢线的位置,将钢刀、钢线对应图形铡切成长短不一的断条,以备组版所用。

③ 排刀组版　将铡切成型的钢刀、钢线、衬空材料按照底版图形的要求组装到底版上,形成完整的模版。

④ 核对　根据成品的结构,对组装好的模版进行一次全面的检查核对,待确定钢刀、钢线的排列位置无误后即可固刀。

⑤ 固刀　俗称卡版,用衬空材料将钢刀、钢线的缝隙挤紧固定,然后把模版安装到固定的版框内。

⑥ 压印样张　验证模版是否符合制版要求,并且检查模版在固定框内的夹紧力是否合理,确定样张无误,模版即可交付待用。

3)上机模压

将制好的模版固定到模切机台上,调整机台压力,校正模版、垫板的水平位置,一切达到生产质量标准,即可进行批量生产。

模切机如图 6-16 所示。

烫金、切膜两用机　　　　　全自动膜切机

图 6-16　模切机

标准设备制造的包装盒如图 6-17 所示。

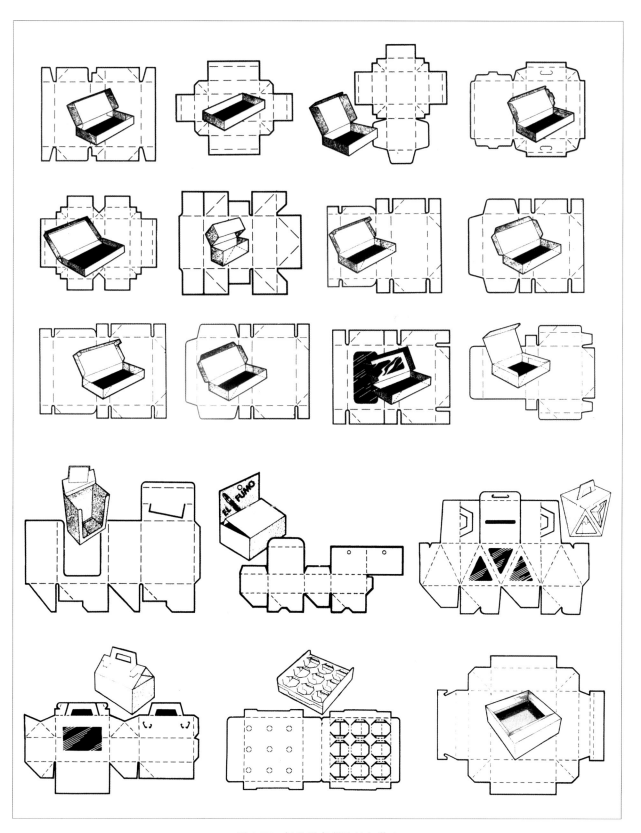

图 6-17　标准设备制造的包装盒

附加设备制造的包装盒如图 6-18 所示。

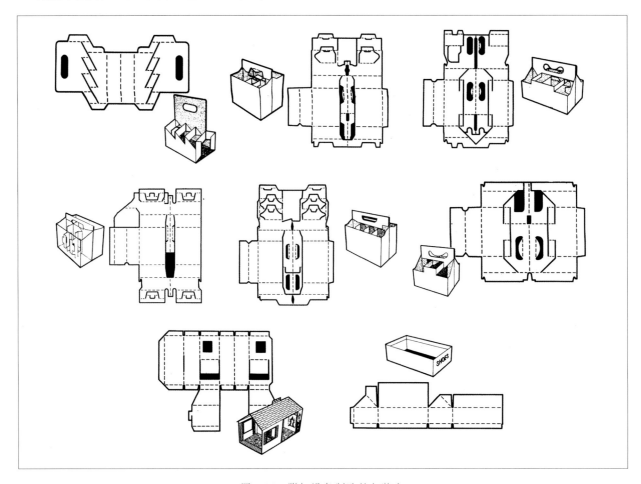

图 6-18　附加设备制造的包装盒

购物袋造型如图 6-19 所示。

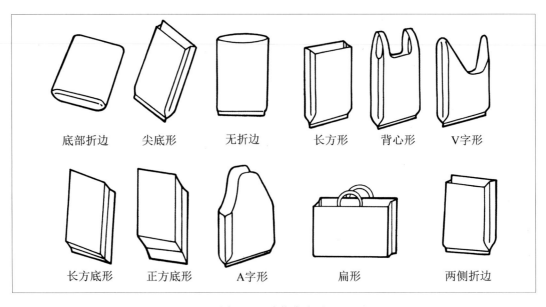

图 6-19　购物袋造型

一重式包装结构如图 6-20 所示。

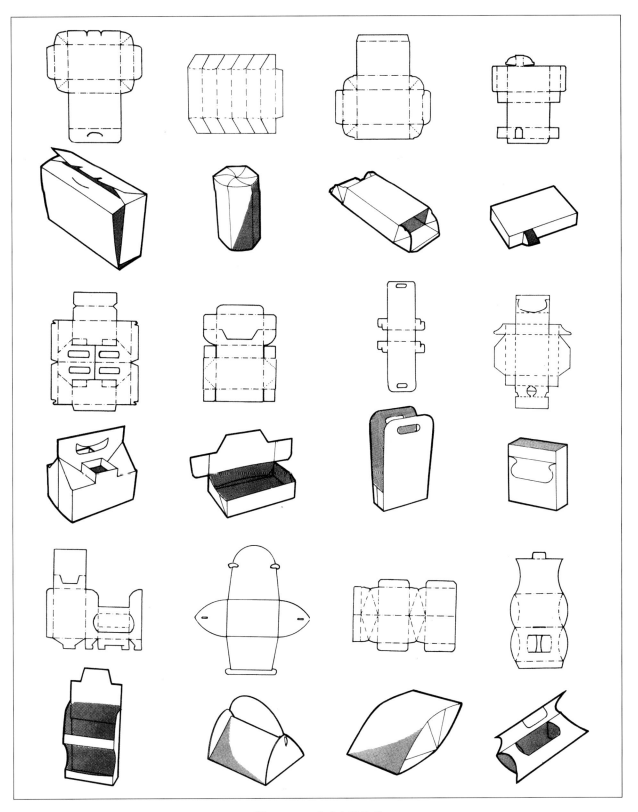

图 6-20　一重式包装结构

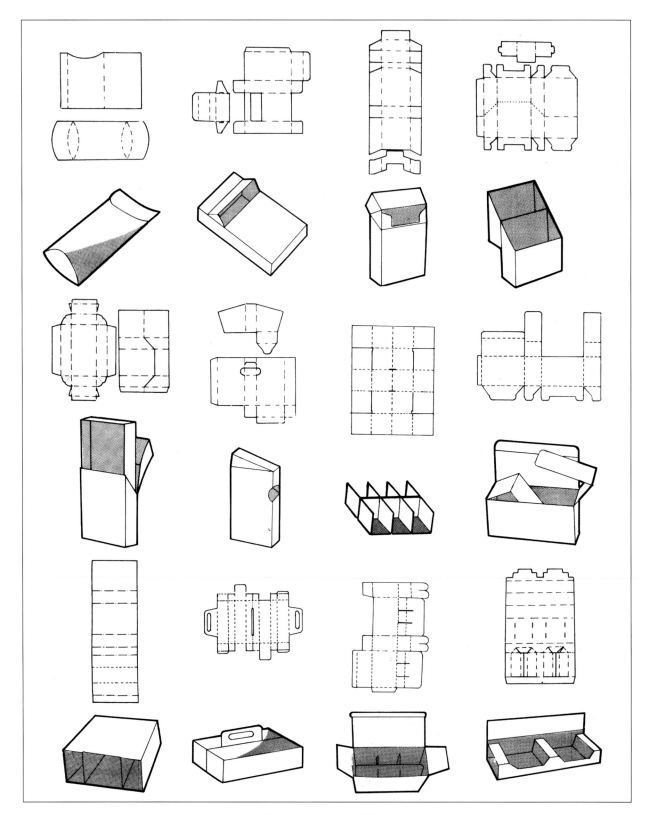

二重式包装结构如图 6-21 所示。

图 6-21　二重式包装结构

二重折叠式包装结构如图 6-22 所示。

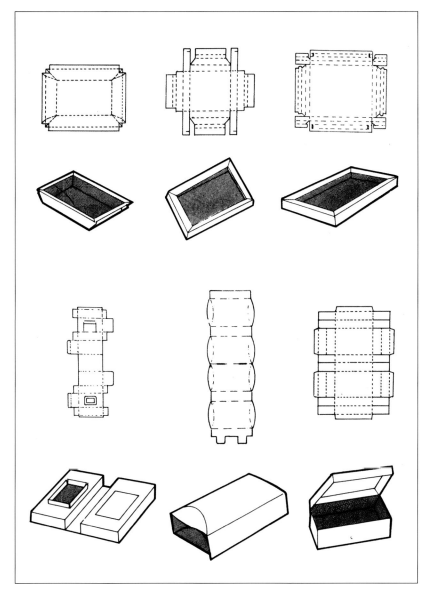

图 6-22　二重折叠式包装结构

二、塑料软包装

塑料软包装具有以下优点:

(1)可根据设计的要求和不同类型产品的要求,采用多种复合的方式生产适合的材料,如双层复合、多层复合,满足包装生产的需求。

(2)塑料软包装有利于产品销售,携带方便,生产成本低,是当前厂家的主要选择。

(3)塑料软包装容易体现产品本色,视觉效果也很好。

(4)对产品进行包装的形式很多,可随产品的外形而变化。

(5)塑料软包装经济实惠,节省资源。

1. 复合薄膜的基材种类

复合薄膜的外层基材有聚酯、尼龙、拉伸聚丙烯、纸、铝箔等，这些材料应具有较好的印刷适性。复合薄膜的内层基材有聚乙烯、未拉伸聚丙烯、聚偏二氯乙烯、离子型聚合物等热塑性薄膜，这些材料便于制袋和热封。中层材料有纸、铝箔、双向拉伸尼龙等，这些材料具有提高复合薄膜的形状稳定性及阻隔性的特点。

基材主要有以下几种。

① 防潮材料　如聚偏二氯乙烯、聚丙烯、聚乙烯、聚四氟乙烯、铝箔。

② 气密性材料　如聚偏二氯乙烯、聚酯、尼龙、乙烯-乙酸乙烯酯共聚物、铝箔。

③ 防透性材料　如聚偏二氯乙烯、聚酯、聚碳酸酯、聚丙烯、铝箔。

④ 耐油性材料　如聚偏二氯乙烯、聚乙烯、聚酯、尼龙、离子型聚合物、铝箔。

⑤ 透明性材料　如聚氯乙烯、聚苯乙烯、聚丙烯、聚乙烯醇、聚酯。

⑥ 热封性材料　如聚乙烯、聚丙烯、乙烯-乙酸乙烯酯共聚物、聚氯乙烯等。

2. 复合工艺方法

复合工艺方法主要有干法复合、挤出复合、湿法复合、热熔复合、无溶剂复合、涂布复合、共挤出复合等。

干法复合是在各种基膜基材上涂布一层溶剂型黏合剂，经烘道将溶剂干燥后，再将两种或数种基材复合在一起的工艺方法。

挤出复合是以聚乙烯树脂(PE)等热塑性塑料作为黏合剂，经挤出机 T 形模头将经过加热熔融的 PE 挤出，在其处于熔融状态时涂布在基材上或将两种基材黏合在一起，冷却定型后成为复合薄膜。

湿法复合是将黏合剂涂布在一种基材上，然后与另一种基材压合在一起，再进烘箱蒸发掉溶剂和水分的复合方式。

热熔复合是将热熔性黏合剂加热熔融后再施加到基材上，通过压力使两种基材贴合在一起的复合工艺。

无溶剂复合是特殊的干法复合，把无溶剂的黏合剂施加到一种基材上，与另一种基材在压力下贴合在一起。

干法复合和挤出复合的材料使用最为广泛。

3. 分切工艺

复合材料的分切包括卷筒的分切和成品的分切。材料复合成型后，往往需要切除废边，并按产品生产要求将其分切成所需的尺寸，再进行复卷，成为成品。二次加工时，也需要按工艺要求将大卷材料分切成若干小卷。成品的分切是成型加工的最后一道工序，如制袋封合成型后，按袋的规格大小切割，成为完整的袋制品。

分切工具一般采用圆形滚刀或平片刀。圆形滚刀，又称旋转型剪切刀，可用于所有卷筒式包装材料；平片刀，又称为平板剃刀或纵切刀，具有结构简单、切口平整的优点，常用于厚度不大于 0.13 mm 的塑料薄膜。

4. 制袋工艺

袋是由纸、塑料、铝箔或其他材料制成的，它是一端或两端封闭，并有一个开口，以便装进被包装产品的一种非刚性容器。

1)袋的种类

袋按其结构中所包含的制袋材料的层数分为单层、双层和多层(或三层及以上)三种。双层袋也常被称为多层袋。

袋按用途分为小袋和大袋两种。小袋多为单层袋，主要用于零售商品和食品的包装。大袋为多层复合结构,牢固度强,多用于水泥、化肥、大米等的包装。

袋按形状分为缝合敞口袋、缝合闭式袋、黏合敞口袋、黏合闭式袋、扁底敞口袋等。

2)热封原理及热封的方法和方式

热封就是利用外界条件,使塑料基材薄膜的封口部分变成黏流状态,并借助于热封刀具的压力,使上下两层薄膜彼此融合为一体,冷却后保持一定强度。

热封常用的方法有手工热封、高频热封、热板热封、脉冲热封、超声波热封等。

热封方式主要有边封合、底部封合和双封合三种。

三、金属制罐工艺

金属罐是用最大公称厚度为 0.49 mm 的金属材料制成的硬质容器。罐是用金属薄板制成的容量较小的容器。由于没有"薄板"和"容量"的定量概念,所以桶和罐的界限不是绝对的。

1. 金属罐的分类和特点

1)金属罐的分类

金属罐按罐形分为圆罐、方罐、椭圆罐、梯形罐和马蹄形罐,按开启方式分为开顶罐、易拉罐、卷开罐等,按内壁有无涂料分为素铁罐和涂料罐,按材质分为马口铁罐、铝罐和 TFS 罐。

2)金属罐的特点

金属包装容器具有很好的力学性能,比其他材料的容器抗冲击力强,广泛用于食品、医药、化工、轻工、燃料等行业。

2. 制罐工艺

金属罐有两片罐和三片罐两种生产方式。

1)两片罐的生产工艺

两片罐由罐身和罐盖组成,罐盖的结构为统一的易开盖,印制后同样需要涂罩光油和进行制罐加工。

两片罐罐身的加工方法有变薄拉伸罐和深冲拉拔罐两种。

2)三片罐的生产工艺

三片罐由罐身、罐底和罐盖组成,印制后需要涂罩光油及进行制罐加工。

(1)涂罩光油。

用罩光油涂布印刷后的金属表面,能使印件表面增加光泽和美观,并可保护印刷面。同时,也能增加一定的拉伸性和硬度,并能使印刷面的涂膜具有一定的柔韧性和耐化学腐蚀性。

(2)制罐加工。

制罐加工是将卷材切成长方形坯料并卷成圆筒,再焊侧缝,修补合缝处的涂层。根据需要切割筒体,形成凹槽或波纹,之后在两端形成凸缘并安上罐盖(一般生产三片罐时,先封闭一端,另一端在完成产品包装后封闭),检验后堆放。

三片罐的生产制造方法有锡焊法、电阻焊法和黏结法三种。主要区别在于罐身接缝方法,而下料、罐底和罐盖的加工都基本相同。罐底、罐盖与罐身的结合,基本上都采用二重卷边的方法。

3. 封底

罐身与底盖通过封罐机械的上压头、下托盘、头道和二道卷边滚轮四个部件进行卷合,形成二重卷边。

第三节
书 刊 装 订

一、书刊装订发展概要

书刊装订技术起源于印刷术发明之前。我国书刊装订的形式,大致上是由龟骨册装和简策装等简单装订开始,经过卷轴装发展为经折装、旋风装、蝴蝶装、和合装、包背装、线装等古代装订形式。现代的装订主要是平装、精装、骑马订装、特装、活页装订等形式。部分装订机械设备如图6-23所示。

| 骑马订书机 | 锁线机 | 胶装机 |

图 6-23　部分装订机械设备

1. 龟骨册装

公元前1600年至公元前1046年的殷商时代,就有了龟骨册装。龟骨册装是我国最早的书刊装订形式。制作龟骨册装的材料是龟甲片和牛羊的肩胛骨,制作方法是把刻了字的龟甲、兽骨串联起来。

2. 简策装

龟骨册装笨重,因此人们逐渐以竹木取代甲骨记录文字。人们把写有文字的竹条称为简,木板称为牍,统称为"简"。为了便于收藏,将竹木简上下穿孔,用丝线绳或藤条逐个编联起来,这种竹木简就称为"策",也称为"简策"。有时在策的开头,还加编两根无字的空白简,以保护正文,称为赘简。

3. 卷轴装

在春秋末期、战国初期,我国开始用缣帛写书,即将文字、图像写、绘于丝织品上的一种书籍形式,这就是帛书。帛书的装帧方法比较简单,绝大多数是采用卷起来的方法,即写好后从尾向前卷起,故名卷轴装。

4. 旋风装

卷轴装最大的缺点就是阅读起来很不方便。旋风装是最初的书页形式的书,它是在卷轴装的基础上发展起来的。它的装订方法是以一张比书页略宽而厚的长条纸作底,而后将单面书写的首页全幅粘裱于底纸的右边,其余书页因系双面书写,故从每页右边无字之空条处粘一纸条,逐页向左,逐次相错地粘裱在每页之外的底纸上。

5. 经折装

经折装的制作工艺方法是将图书长卷按照一定的规则左右连续折叠起来,形成一个长方形的折子。为了保护首尾页不受磨损,再在上面各粘裱一层较厚的纸作为护封,也称书衣、封面。因为这种方法最先应用于佛教经书,所以称经折装。

6. 蝴蝶装

蝴蝶装又称蝶装。蝴蝶装的制作工艺方法是把每张印好的书页,将印有文字的一面朝里对折,再以中缝为标准,把所有页码对齐,然后将其中缝处粘在一张用以包背的纸上。这种装帧的书籍,打开来版口居中,书页朝两边展开,如蝴蝶展翅,故名蝴蝶装。

7. 和合装

和合装是继蝴蝶装之后出现的一种比较简便的装订方法。它的特点是书心和封壳可以分开,书心可以随时更换,封壳硬而耐用。直到目前有的活页文件还采用和合装,但更多的用于各种账册、账卡、户口簿等。

8. 包背装

包背装是在蝴蝶装的基础上发展而来的,与蝴蝶装不同的地方是将印好的书页正折,折缝成为书口,使有文字的一面向外,然后将书页折缝边撞齐、压平,在与折缝相对的一边用纸捻订好,砸平固定。而后将纸钉以外余幅裁齐,形成书背。再用一张比书页略厚的纸作为前后封面绕过书背粘于书背,再将天头、地脚裁齐,一部包背装书就算装帧完毕。这种装订方法的特点是包括书背,故称包背装。

9. 线装

线装方法与包背装基本相同,只是装订时不用整张纸包背,而是将封面裁成与书页大小相同的两张纸或布,而后与书页一起打眼穿线装订成册。这种装订方法是我国传统的装帧方法,既方便阅读,又不易破散,再配以各种式样的书函,显得格外古朴典雅。直到今人有些书籍还是采用这种装订方式。

10. 平装

平装是现代书籍、图册的主要装订形式之一。通常使用纸封面和覆膜形式,以齐口居多,也有勒口。平装加工有多种方式:铁丝平订、缝纫平订、三眼线订、无线胶背订、锁线订、塑料线烫订等。平装工艺简单,使用方便,价格低廉,是目前我国应用最普遍的装订形式。

11. 精装

精装是指书籍的一种精致装订方法。一般以纸板作为书壳,经装饰加工后做成硬质封面,其面层用料有布、纸、麻类、丝类织物、漆布、人造革等,也用塑料膜做套壳。精装书心加工,一般包括上胶、压平、烘干、扒圆、起脊、贴纱布、粘堵头布和丝带等工序。书心可以加工成圆背和方背。精装书背不同于平装书,有硬背装、腔背装和柔背装。精装书的优点是加工精细、美观、大方,容易翻阅,便于长期保存,但因用料较贵,装订时加工费用较高,因而我国精装书所占比重不大。

12. 骑马订装

在骑马配页订书机上,把书帖和封面套合后跨骑在订书架上,将铁丝从书刊的书脊折缝外面穿进里面,用两个铁丝钉扣订牢称为骑马订。

13. 特装

特装也称艺术装或豪华装,是精装中一种特殊加工的装帧方法。特装书籍的加工,除精装书籍应有的

造型之外,还要在书心的三面切口上喷涂颜色或刷金,也有的将书壳背部处理成竹节状,在封面上进行镶嵌等艺术加工。这种加工的产品十分美观,具有较高的欣赏价值。

14. 活页装订

活页装订法一般都是以单页为主,装订方法是在纸页的装订线上打一列小孔或金属螺旋圈或爪片订联成册。

二、书心加工

1. 折页工序

折页是书刊装订加工的第一道工序,将印刷好的大幅印张按页码顺序和版面设定的成品线折成书帖。栅栏式折页机如图 6-24 所示。

图 6-24　栅栏式折页机

1)折页方式

折页方式随版面排列的方式不同而变化。在选择折页方式时,还要考虑书的开本规格、纸张厚薄等因素的影响。折页方式可以分为平行折、垂直交叉折和混合折三种。相邻两折的折缝相互平行的折页方式称为平行折页法;相邻两折的折缝相互垂直的折页方式称为垂直交叉折页法;在同一书帖中,折缝既有相互垂直的,又有相互平行的,这种折法称为混合折页法。版面页数编排法如图 6-25 所示,翻版印刷如图 6-26 所示,书籍编排步骤如图 6-27 所示。

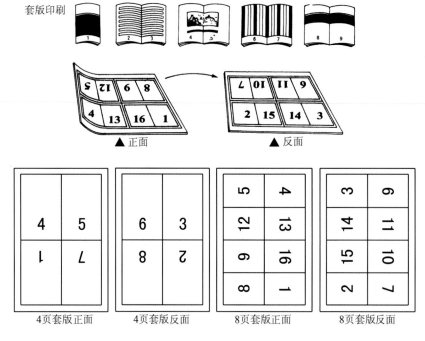

图 6-25　版面页数编排法

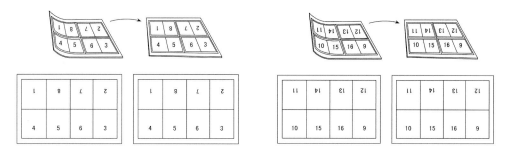

图 6-26　翻版印刷

2)折页设备原理

(1)刀式折页机。

刀式折页机的折页机构是利用折刀(砍刀)将印张压入相对旋转的一对折页辊中完成折页工作的。

(2)栅栏式折页机。

栅栏式折页机的折页机构是利用折页栅栏与相对旋转的折页辊相互配合完成折页工作的。

栅栏式折页机与刀式折页机一样都是由给纸、折页、收帖三部分组成,它们的主要区别在于折页机构不同,刀式折页机由折刀和折页辊配合完成折页,而栅栏式折页机则是由折页栅栏和折页辊配合完成折页的。宣传品折页方式如图 6-28 所示。

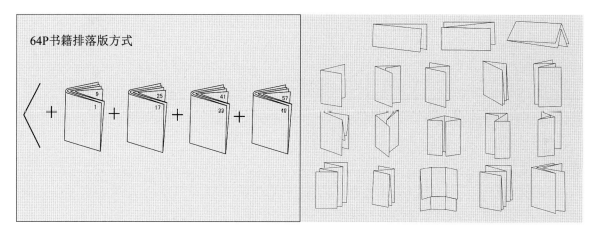

图 6-27　书籍编排步骤　　　　　　　　图 6-28　宣传品折页方式

2. 配页工序

将折叠好的且根据需要经过粘单页的书帖按页码的顺序组成书册的工艺过程称为配页。各种书刊,除单帖成本之外,都要经过配页工序加工才能成本。因此,配页是书刊装订工作的主要工序之一。在配页加工中,为保证所配书册的质量和便于下一道工序的加工,在配页前要进行上蜡,配页后进行捆书、浆背的加工。

3. 订联工序

订联工序是将配好的散帖书册通过各种各样的方法联结,使之成为一本完整书心的加工过程。订联工序的订联方法有铁丝订、锁线订、缝纫平订、三眼线订和无线胶背订等。

1)铁丝订

铁丝订是用铁丝将散帖联结成书册,在书刊装订中是一种常见的订联形式,使用广泛,操作方便,易加

工。但铁丝受潮易生锈,导致书籍损坏,在南方潮湿的气候中不太适用。铁丝订完成订书操作的机器为订书机。铁丝订分骑马订和平面订两种,按订书机又分单头订、双头订、半自动订、骑马联动订等。

2)锁线订

经配页后的书帖,用手工或锁线机按书帖页码顺序一帖一帖地用纱线沿订缝串联起来,并使各帖之间互相锁紧成册,即成为半成品书心的过程称锁线订。锁线订分平订和交叉订两种。平订又分为普通平订和交错平订两种。

3)缝纫平订

缝纫平订是将配好的书册,经撞齐、捆浆、分本,用工业缝纫机沿距书脊约 8 mm 处或沿最后一折缝线订缝一条连线,将散帖联结成书册的过程。这种方法联结的书册牢固耐用,订线不怕潮湿,但出书速度慢,不适用于联动化的大量生产而且费工费料。因此,仅适用于证、册和特殊产品的装订。

4)三眼线订

将配后撞齐、捆浆、分本的书心,离书脊 5～7 mm 处打穿三个眼孔,用双股粗纱线穿订,打结牢固后成为一本书册的联结方法称三眼线订。这种方法可以订联各种特厚书册,但只能用手工操作,效率太低,而且书册过厚,翻阅不方便。

5)无线胶背订

无线胶背订是一种用胶黏剂代替金属或棉线等将散页帖的书心联结成册的方法。书帖与书页完全靠胶黏剂黏合。这种方法不用铁丝,不用棉纱,只用各种胶黏材料将书帖与书页沿订口相互黏结在一起。生产效率高,出书速度快,阅读方便,适合于机械化、联动化、自动化的生产。用无线胶背订装订的书心,既能用于平装,也能用于精装。

三、平装工艺

平装工艺有胶装工艺、线装工艺等。胶装和线装的装订过程如图 6-29 所示。

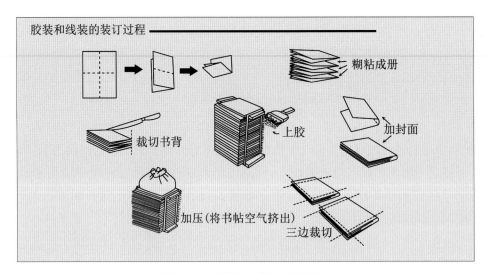

图 6-29 胶装和线装的装订过程

1. 平装装帧的工艺和设备

平装书籍的装帧,主要指包本工序的加工。包本是将订或锁后的书心包上封面,成为一本完整的平装书册。包本工序的加工包括手工包本、机器包本、烫背、勒口等的操作过程。平装包本也称包封面、上封面、包皮子、裹皮子等。平装书刊的封面有带勒口和无勒口两种。有无勒口在装订工艺上有很大的差别。无勒口平装书是先包上封面后进行三面裁切成为光本;有勒口平装书是先将书心切口裁切好而后包封面,再将封面宽出部分向里折齐,最后再进行天头、地脚的裁切成为光本。由此可见,有勒口平装书比无勒口平装书增加了两道工序。

1)勒口与复口

勒口与复口是平装装帧的一种加工形式,一般适用于比较讲究的一些平装本书刊。其作用是保护书心,使书册延长使用寿命。由于勒口与复口的书刊加工数量少,因此,目前几乎全部用手工操作来完成。

2)烫背工作和要求

烫背是将包好封面的书册进行烫压,使书脊烫平、烫实和烫牢的加工。烫背方式主要有平烫和滚烫,由烫背机来完成。

采用平烫式烫背机进行烫背时把书背朝下,左右挤紧,从上面施加压力,使书背紧靠下面的加热平台,在加热平台的作用下把书背的胶液烘干、书背烫平。这种方法烫背速度慢,烘干时间长,书册两头挤出的胶液会粘牢书页和脏污平台,使书背的表面损坏。

采用滚烫式烫背机烫背时把书背朝上,前后压紧,送入烫背部位,烫背部位由一组加热的钢辊组成。烫背时,工作台托着书本做往复运动,经几次来回滚压便可烘干胶液,烫平书背,这种方法的烫背速度较快,而且装书量多。

进行烫背操作时,将一摞包好的书册撞齐,书背朝下放入烫背加热台上两个夹书板之间,然后踏动或用手扳动加压闸。上压板和两侧夹书板同时向书册方向靠拢加压和夹紧。待一定时间后将闸松开,使上压板升起、夹书板松开。将烫好的书册取出,使书册竖立,检查后堆放在堆书台上,完成烫背操作。堆放时,要码放整齐,书背部分一律不得露在外面,以免将未完全干燥的书背碰坏,影响书册外观质量。

3)手工包本

手工包本即用手工操作将封面包住书心成为书册的工作过程。手工包本有两种:一种是较早的老式方法,操作时要分五个过程完成,即折封面、刷胶黏剂、粘封面(或点浆)、刷后背胶黏剂、包面;一种是近代的手工操作方法,即将前五个分散的过程合在一起进行加工的方法,称为"五合一"包本法。"五合一"包本法提高了生产效率,被大多数生产厂家所采用。

折封面是将印刷好的封面,按一定规格切成适当的尺寸后,按书册厚度齐书脊边线的一面将封面反折(正面朝里折)。

手工折封面的方法有两种:一种是先用铜皮等制成折封面板,然后将一叠(一般为100张)封面正面朝上横向平放在工作台板上,左手拿折封面板按一定规矩齐折缝线摆正压住,右手从右面掀起一张封面,齐折封面板的压线边折叠压实,左手挑起折封面板和封面,右手再抽出折好的封面放在右边的工作台板上;一种是用左手拇指压住折缝线(代替折封面板),右手齐折缝线后对齐上下规矩边进行折叠。如果遇到书背没有字、框、图案时,还可采用一沓沓地折叠,然后再一张张地抽出的方法,这种操作速度快,但准确性不如一张张地折叠好,因此这种折法较少采用。

4)包本机的工作原理及操作方法

包本机根据外形分为直线式(亦称长条式)包本机和圆盘式包本机。直线式包本机可单独使用,也可与装订机联结为订包联动机进行加工,多用于薄本书刊的加工,单双联均有。较厚的书册则一般采用圆盘式包本机或无线胶订机进行加工。

(1)长条式包本机。

长条式包本机的操作过程有进本和输送、刷胶黏剂、输送封面及压槽定位、包封面、收书检查。

(2)圆盘式包本机。

圆盘式包本机工作时,主要通过大夹盘的旋转输送进行包本。目前圆盘式包本机采用匀速间歇旋转运动,每间歇一次包一本书册,用手工续本的方法进本。圆盘式包本机在操作前要根据书刊的薄厚、幅面的大小调定好各规矩位置,配制、加热胶黏剂,撞齐堆放封面,其操作过程是:进本、输送、刷胶、粘封面、夹紧、收书。

2. 包本的质量标准

① 包本前要核对书心与封面的书名、册和卷是否统一,切忌张冠李戴。

② 所用胶黏剂要根据封面的纸质及书心的薄厚调制和使用,以保证书心与书封之间的黏着力,刷胶黏剂要均匀,浆口宽粘不得超过 4 mm,以盖住订铁与线痕为准。

③ 包本书册字要正,框线直,准确无误,背要紧,不上下掉(即齐头部分凸出或缩进),不出松套,使烫背后无皱褶岗线。

3. 裁切的工艺和设备

纸张裁切机械分为单面切纸机和三面切书机两大类。单面切纸机可以用来裁切装订材料(纸张、纸板及塑料布等)、印刷的成品及半成品,应用范围较广。三面切书机主要用来裁切各种书籍和杂志的成品,是印刷厂的装订专用机械,裁切书刊的效率高、质量好。

单面切纸机和三面切书机在结构上虽有不同,但裁切原理和主要部件是基本相同的。切纸(书)机如图 6-30 所示。

计算机程控切纸机

三面切书机

图 6-30　切纸(书)机

1)单面切纸机

单面切纸机的主要部件是推纸器,它是作为规矩用的,推送纸张并使其定位;压纸器将定好位的纸张压紧,以免在裁刀下切时发生移动而影响裁切质量;刀条通常用护刀口,并使下层纸张能完全裁透,保证质量。此外还有侧挡规,它与推纸器互成直角,以保证所裁切的纸张邻边相互垂直。

2)三面切书机

切书是指将印刷好的页张,经折、配、订、包加工后,切去三面毛边成为一本书册的操作过程。切书是平装加工中最后一道工序。切书还包括精装书心半成品的裁切和双联本的切断(俗称断段或断页)。所用机器以三面切书机为主,单面切纸机为辅。

三面切书机由于机型的不同,操作方法也有所不同,有手动三面切书机、半自动三面切书机和自动三面切书机三种。

手动三面切书机是通过活动夹书板的转动,利用单面切书刀的下压,将书册一面面地裁切直至裁完三面。操作时,将一叠待切书册(高 150～200 mm)撞齐后放入手动式三面刀活动夹书板上,并顶齐规矩,夹紧上压板后扳动或踏动刀把裁切一面。然后,用手摇动活动夹书板转至另一面再进行裁切,直至切完三面。这种切书机劳动强度大、效率低。

半自动三面切书机是目前常用的一种三面切书机,其特点是可以连续裁切 8 开以内的各种纸张的书籍。操作简单,安全,易掌握。这种切书机在切书时,侧刀与门刀分别下降,依次裁切书册三面的毛边,还可根据需要分别裁切书册的一面或两面。

自动三面切书机的待裁切品输入方式比半自动三面切书机先进,它由自动进书装置将堆积的毛边书籍送入裁切工位,一次性连续裁切其三面边缘,并自动送出。

4. 平装联动机

为了加快装订速度,提高装订质量,避免各工序间半成品的堆放和搬运,可采用平装联动订书机。

1)骑马装订联动机

骑马装订联动机也称三联机。它由滚筒式配页机、订书机和三面切书机组合而成,能够自动完成套帖、封面折和搭、订书、三面切书累积计数后输出,配备有自动检测质量的装置。

骑马装订联动机生产效率高,适合于装订 64 页以下的薄本书籍,如期刊、练习本等。但是,书帖只依靠两个铁丝扣连接,因而牢固度差。

2)胶黏订联动机

无线胶背订联动机,能够连续完成配页、撞齐、铣背、锯槽、打毛、刷胶、粘纱布、包封面、刮背成型、切书等工序。有的用热熔胶黏合,有的用冷胶黏合。自动化程度很高,每小时装订数量高达 8 000 册,有的还更多。

四、精装工艺

精装书的封面、封底一般采用丝织品、漆布、人造革、皮革或纸张等材料,粘贴在硬纸板表面做成书壳。按照封面的加工方式,分有书脊槽书壳和无书脊槽书壳两种。书心的书背可加工成硬背、腔背和柔背等,造型美观、坚固耐用。

精装书的装订工艺流程为:书心的制作—书壳的制作—上书壳。

1. 书心的制作

书心制作的前一部分和平装书装订工艺相同,包括裁切、折页、配页、锁线与切书等。在完成上述工作之后,就要进行精装书心特有的加工过程。书心为圆背有脊形式,可在平装书心的基础上,经过压平、刷胶、干燥、裁切、扒圆、起脊、刷胶、粘纱布、再刷胶、粘堵头布、粘书脊纸、干燥等加工过程来完成精装书心的加工。书心为方背无脊形式的就不需要扒圆。书心为圆背无脊形式,就不需要起脊。

1)压平

压平是在专用的压书机上进行,使书心结实、平服,以提高书籍的装订质量。

2)刷胶

用手工或机械刷胶,使书心基本定型,在下道工序加工时,书帖不发生移动。

3)裁切

对刷胶基本干燥的书心,进行裁切,成为光本书心。

4)扒圆

由人工或机械,把书的背脊部分,处理成圆弧形的工艺过程,称为扒圆。扒圆以后,整本书的书帖能互相错开,便于翻阅,提高了书心的牢固程度。

5)起脊

由人工或机械把书心用夹板夹紧夹实,在书心正反两面,书脊与环衬连线的边缘处,压出一条凹痕,使书脊略向外鼓起的工序称为起脊,这样可防止扒圆后的书心回圆变形。

6)书脊的加工

加工的内容包括刷胶、粘书签带、贴纱布、贴堵头布和贴书脊纸。贴纱布能够增加书心的连接强度和书心与书壳的连接强度。堵头布贴在书心背脊的天头和地脚两端,使书帖之间紧紧相连,不仅增加了书籍装订的牢固性,而且使书籍变得美观。书脊纸必须贴在书心背脊中间,不能起皱和起泡。

7)裱卡

裱卡是指在活络套书心的两面粘上硬质卡纸的加工工艺。贴硬质卡纸有两种方法:一种是将硬质卡纸放在上下环衬上;另一种是将卡纸直接粘在订口上。裱卡后的书心经压平、干燥、三面裁切制成光本书心,然后再进行书心加工。

2. 书壳的制作

书壳是精装书的封面。书壳的材料应有一定的强度和耐磨性,并具有装饰的作用。

用一整块面料,将封面、封底和背脊连在一起制成的书壳,称为整料书壳。封面、封底用同一面料,而背脊用另一块面料制成的书壳,称为配料书壳。做书壳时,先按规定尺寸裁切封面材料并刷胶,然后再将前封、后封的纸板压实、定位(称为摆壳),包好边缘和四角,进行压平,即完成书壳的制作。由于手工操作效率低,现改用机械制作书壳。

制作好的书壳,在前后封及书背上压印书名和图案等。为了适应书背的圆弧形状,书壳整饰完以后,还需进行扒圆。

3. 上书壳

把书壳和书心连在一起的工艺过程,称为上书壳,也称套壳。

上书壳的方法是先在书心的一面衬页上,涂上胶水,按一定位置放在书壳上,使书心与书壳一面先粘牢固,再按此方法把书心的另一面衬页也平整地粘在书壳上,整个书心与书壳就牢固地连接在一起了。最后用压线起脊机,在书的前后边缘各压出一道凹槽,加压、烘干,使书籍更加平整、定型。如果有护封,则包上护封即可出厂。

精装书的装订工序多、工艺复杂,用手工操作时,操作人员多、效率低。目前采用精装联动机,能自动完成书心供应、书心压平、刷胶烘干、书心压紧、三面裁切、书心扒圆起脊、书心刷胶粘纱布、粘卡纸和堵头布、上书壳、压槽成型、书本输出等精装书的装订工艺。

Yinshua Sheji yu Gongyi

第七章
印刷业务知识

随着商品经济的不断发展,商品的流通从某种意义上来说体现的是人与人之间的交流。在印刷加工行业对外交流最多的是印刷的业务人员和经营人员。面对客户,除了要对自己的"家底"(设备、技术、人员构成、人员素质、管理水平、相关供应商、印刷材料供应、辅助工序配合)有一个清醒的认识外,还应对客户有一个基本的了解:一是了解客户对产品的质量要求和时效要求;二是了解不同的客户在产品要求外的心理状态。如客户对印刷工艺流程的关注重点,有的关注印刷套印精度,有的关注色彩要求,有的关注规格尺寸;又如客户的性格,有的性格比较急躁,有的性格温和,有的比较关注大方向,有的非常注重细节。

总之,无论面对什么样的客户,业务人员都要做好充分的心理准备。

印刷业务员通常是企业对外的窗口,业务员的形象、语言艺术,对业务的熟悉,对印刷工艺的了解,对印刷技术的掌握,对业务交流中谈判氛围的把握,都是一个合格的业务员必须具备的基本素质。

早期人们对印刷业务员的理解,就像满街跑的推销员,因为没有直接的商品可以推销,所以只有不断推销自己和所在的企业。有时业务员并不清楚自身企业能做什么,不能做什么,所以大包大揽,似乎什么都能做,什么都能印。随着印刷技术水平的不断提高,印刷工艺手段的千差万别,印刷行业的业务人员不再仅凭一张嘴在竞争中求得生存。20世纪80年代后期逐渐兴起的印刷平面设计的计算机图像处理技术、图像信息的网络化传递、印前图像处理中不同软件与硬件的应用,打样稿的多品种选择,印刷设备由单色向多色发展、由纯机械化向计算机控制的自动化和数字化方向发展,油墨品种、性能、需求的多元化,生产工艺的流水化作业,对业务人员印刷业务的知识性要求显然是越来越高,而且这种知识是随着印刷技术的进步需要不断地积累和更新才能跟上时代的步伐。有人说印刷技术是干到老、学到老的一门技术,有志于从事印刷行业的每一个人都应有这一清醒的认识。

第一节
印刷行业术语

印刷行业术语在印刷工作中是一种常用语言,也称为行话。业务工作既是一项对外的宣传、承揽工作,也是一项对内任务传达与跟踪(跟单)的重要工作,负责从接受任务到完成任务的整个过程,是业务员不可推卸的责任,因此,语言的表达是否规范就显得尤为重要。下面介绍印刷行业中的一些基本术语,以便于工作与交流。

一、纸张类

1. 纸张

本书第四章第一部分已经讲解过纸张的分类情况,现在归纳到行业术语中来,以便让大家连贯记忆。纸张主要分为以下几类。

1)薄纸

通常定量在 45 g/m^2 以下的纸称为薄纸。

2)卡纸

通常定量在 200 g/m² 及以上的涂料纸称为卡纸,例如白板卡、铜版卡等。

3)纸板

通常定量在 200 g/m² 及以上的非涂料纸称为纸板,例如灰纸板、黄纸板等。

4)轻涂纸

通常涂料纸的涂料占造纸原料的 15% 以上,轻涂纸的涂料占造纸原料的 10%~15%,且定量一般在 100 g/m² 以内。

2. 纸令

令是纸张的计数单位,其单位面积基本上以印刷用纸的大度或正度规格为主。通常大度全开面积为 889 mm×1 194 mm 或 35 in×47 in,正度全开面积为 787 mm×1 092 mm 或 31 in×43 in。每令纸的数量为 500 张,称为令或纸令,其表示为:

$$1 令 = 500 张全张纸$$

3. 色令

色令是计算印刷工作量的基本计量单位,以 1 令纸单面印 1 次为 1 色令,印 2 次为 2 色令,以此类推。在印刷行业习惯上将对开单位面积印刷 1 000 次作为 1 色令计算,即 1 色令等于 1 000 张对开纸印 1 次。如果是 1 000 张对开纸印刷四色(次),则印数的计算为 4 色令。

4. 印张

主要用于出版业书刊印刷,对开印刷幅面的正反两面为 1 个印张。

例 1:一本 16 开书内页为 160 页,这本书有多少个印张?

16 开的幅面如图 7-1 所示,在对开版面内可拼排 8 个 16 开,纸张的正反两面共 16 个 16 开幅面,即每个对开版面正反两面可拼 16 页。

因此,全书印张数为:

$$\frac{160}{16} = 10$$

答案是:这本书有 10 个印张。

例 2:一本 32 开书内页为 160 页,这本书有多少个印张?

32 开的幅面如图 7-2 所示,在对开版面内可拼排 16 个 32 开,纸张的正反两面共 32 个 32 开幅面,即每对开版面正反两面可拼 32 页。

16开	16开	16开	16开
16开	16开	16开	16开

正面

16开	16开	16开	16开
16开	16开	16开	16开

反面

图 7-1 对开版拼版图(16 开)

32开	32开	32开	32开
32开	32开	32开	32开
32开	32开	32开	32开
32开	32开	32开	32开

正面

32开	32开	32开	32开
32开	32开	32开	32开
32开	32开	32开	32开
32开	32开	32开	32开

反面

图 7-2 对开版拼版图(32 开)

因此,全书印张数为:

$$\frac{160}{32} = 5$$

答案是:这本书有 5 个印张。

二、印版类

1. PS 版

PS 版是预涂感光版(presensitized plate)的简称。PS 版主要以金属铝或锌为版基,通过正阳型或正阴型图文胶片,在感光机理的作用下,可以获得阳型 PS 印版或阴型 PS 印版。PS 版主要用于平版胶印机。

2. 再生 PS 版

平版印刷中对使用过的 PS 版进行一定的版面处理(清除感光涂层、整理砂目层)后,重新涂布感光液制成的新的预涂感光版,称为再生 PS 版。其使用性能与全新的 PS 版相比略微降低,但可以满足一般印刷产品的印刷质量要求。

3. 压凸版

为使纸类印刷产品表面产生凹凸不平的艺术效果,通过凹型或凸型模具压合作用,使纸张变凸或变凹的模具版,称压凸版。压凸版材主要以金属版材、感光树脂版材为主。模具通常有两个平面,空白部分为一个平面,凸起或凹下的图文部分为另一个平面。

4. 浮雕版

浮雕版的工作原理同压凸版,不同点为模具层次丰富,其凸起部位根据画面的明暗变化而深浅不一,在图文部分与非图文部分的变化过程中线条清晰,立体感好,其基材主要以金属铜为主。

5. 烫印版

烫印版也称烫金版,其凸起的部分借助温度与压力,使电化铝箔、薄膜在短时间内受热熔化而转印到印品的表面,基材主要以金属铁为主。

6. 模切版

模切版也称啤切版或啤版。模切加工是根据设计要求对包装产品的折叠线、不规则切口或切纸机无法加工的切位压出切痕线,将金属刀模或金属条模固定在木板上,对纸张进行模切压痕加工。模切版分为手工制普通模切版、激光制模切版两类。

三、胶片类

1. 正阳片

以文字为例,文字为黑色,空白部分为透明色,感光药膜在背面。

2. 正阴片

以文字为例,文字为透明色,空白部分为黑色,感光药膜在背面。

3. 反阳片

以文字为例,文字为黑色,空白部分为透明色,感光药膜在正面。

4. 反阴片

以文字为例,文字为透明色,空白部分为黑色,感光药膜在正面。

四、印刷类

1. 四色印刷

四色印刷是指采用黄(Y)、品红(M)、青(C)、黑(K)四种颜色的油墨来复制彩色原稿的印刷工艺。

2. 专色印刷

专色印刷是指利用原色(黄、品红、青)、黑色及其他辅助色,根据色彩要求采用不同比例混合配制,得到某种特定颜色的油墨并使用这种专色油墨(例如金墨、银墨或其他原色难以配制的专色油墨)进行印刷。

3. 实地印刷

实地印刷通常指无网点的满版印刷,即100％网点面积率。实地印刷与实地色块有区别,在网线版中,部分为100％网点的色块称实地色块。

4. 特种印刷

特种印刷是印刷技术中的一个分支,指采用不同于一般的制版、印刷、印后加工和承印材料进行印刷,供特殊用途的印刷方式,如纸类包装、特种装潢印刷、织物印刷、玻璃印刷、金属印刷、软管容器印刷、静电植绒、立体印刷、热转印、移印等。

5. 咬口位

咬口位指印刷机输送纸张时的咬纸位置,同时也是印版着墨的起始位。通常在印版滚筒上有一个滚筒基准线,印版安装时,印版上的咬口线与滚筒基准线对齐才能进行图文印刷,超出咬口线以外的图文部分,则不能着墨,咬口线距纸张边缘通常为5～15 mm。

6. 借咬口

通常咬口位占据纸张版面5～15 mm宽的位置,是无法着墨的区域。当印品规格尺寸较大,需利用整张印刷幅面的承印材料时,画面是白底的图文印品,可以借用咬口这一区域面积。通常在包装纸折盒的印品上,将折盒的粘口位当作咬口,这样做就不至于浪费纸张了,称为借咬口,这是平版印刷中最大限度地利用承印材料的一种工艺方法。

7. 反咬口

反咬口是为节约版面印次而采用的一种工艺方法。如图7-3所示,当印刷的正反面可以拼贴在一套PS版内,且为印版的上下两个位置时,先按正常咬口位印刷纸张的一面(正面或反面)以后,再将咬口位换到印版的拖梢位,印刷纸张的另一面(反面或正面),称为反咬口印刷。这种印刷方式拼版时要遵循头对头、脚对脚原则。

8. 自翻版

自翻版与反咬口工艺方法同理,不同点是印品的正反两面,在印版中是左右两个位置,如图 7-4 所示。当印完纸张的一面后,不动印版而是将承印纸张左右对翻,再印刷另一面的一种工艺方法称为自翻版印刷。这种印刷方式拼版时要遵循头并头、脚并脚原则。

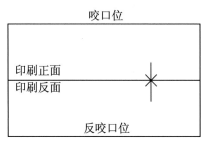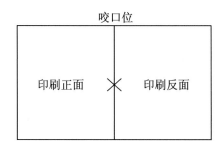

图 7-3　反咬口　　　　　　　　　　图 7-4　自翻版

9. 界面张力

界面张力是指沿着不相溶的两相(液—固、液—液、液—气)间界面垂直作用在单位长度液体表面上的表面收缩力。在平版印刷中,油与油墨在 PS 版表面的界面张力,油的小于油墨的;油墨与酒精润版液在 PS 版表面的界面张力,油墨的小于酒精润版液的。酒精润版液与非离子表面活性剂润版液在 PS 版表面的界面张力类似,但酒精润版液受挥发的影响,酒精浓度不同界面张力也不同,因此其稳定性不如非离子表面活性剂润版液的稳定性。酒精润版液与普通润版液在 PS 版表面的界面张力,酒精润版液的小于普通润版液的。界面张力越小,对网点增大的影响就越小,这有利于网点的还原。

10. 角线

角线用∟或⊥表示,通常线长 5 mm、线粗 0.1 mm,成 90 °角,用于印版四周,裁切线以外 3 mm 出血位处。印版的咬口位,可以与角线位齐。印刷时为校版方便,必须保证四个角线在印刷范围内。当印版拼有多页面内容时,可用角线确定相对位置和页面范围。

11. 规线

规线用+或⊕表示,两线相交垂直,线长不小于 5 mm,线粗 0.1 mm。规线主要用于多色套印,是印刷套印的依据。通常规线布置在印版上下左右的中间位置,其横线一般对准角线的横线而不能对准裁切线的横线位,以免裁切成品时,规线留存在印品表面。

12. 裁切线

裁切线用+表示,也称成品线,位于印版四周角线以内,距角线位 3 mm,目的是指明裁切位置,裁切成品后应被切除。角线、规线、裁切线的分布如图 7-5 所示。

13. 设计尺寸

设计尺寸与成品(裁切)尺寸相差 3 mm,主要是为了补偿由于齐纸、折页产生的裁切刀位误差。当进行有底色印刷时,也不会因为这种误差产生露白现象,以免影响印品的美观。

设计尺寸、成品尺寸、版心尺寸关系如图 7-6 所示。

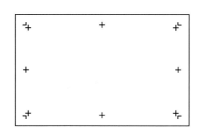

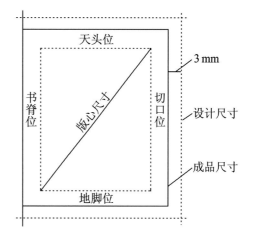

图 7-5　角线、规线、裁切线的分布　　　图 7-6　设计尺寸、成品尺寸、版心尺寸关系

14. 版心尺寸

版心位置线是在成品规格线以内的主画面内容确定线。不同的内容版心位置有所不同:当版面内容以文字为主时,要依据书脊位、天头位、地脚位、切口位来确定版心的上下左右位置;当版面内容以图像为主时,以主画面区域确定版心的上下左右位置。为防止裁切刀位差对主画面区域的影响,主画面区域应距离成品线位 3 mm 以上,印刷工艺构图设计时必须十分注意。

15. 打样

打样是指通过印前图文设计、拼版,复制出校样的工艺。校样是印刷开始前检验印前工序色彩、规格、内容等质量要素的重要依据。打样方式目前主要分为数字打样、机械打样等。

1)数字打样

印前图文通过色彩管理系统,在 JDF 软件支持下,可以不用输出胶片,而直接以数字方式制作大幅面彩色样稿。网点模式主要采用调频网点,直接制作印版时,根据印刷要求,可变换为调幅网点或调幅与调频混合网点的制版方式。数字打样技术在色彩方面不断改进,并具有时间省、速度快等相对优势,已越来越受欢迎,有逐步取代传统机械打样的趋势。

2)机械打样

机械打样类似于平版印刷机的印刷原理,但印速较慢,在多色打样时,油墨以湿压干的形式叠印,而多色平版胶印机上油墨是湿压湿的叠印形式。机械打样机的印刷形式主要以圆压平式为主,印刷压力较小,网点增大率相对也较小。机械打样是目前印刷中采用得比较多的一种打样方式,在专色打样方面机械打样机最接近于印刷机的显色效果。

16. 过版纸

当新版上机印刷时,由于调机和调色的需要,会有相应承印材料的损耗。为了节约纸张,在调机与调色初期,用一些原来所印产品的废品做一个过渡,这种废品纸张称为过版纸。过版纸的克重、规格、纸张类别应与所印产品的承印材料一致。

五、网点

网点是印版上的最小印刷单元,点状物体的密度通过点的面积在单位面积上所占的百分比来表示。网点形状如图 7-7 所示。

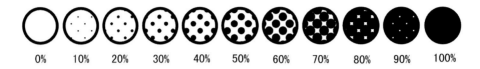

图 7-7　网点形状

六、色彩类

1. 三原色

三原色分为色光三原色和色料三原色。

根据光的物理学,由红光、绿光、蓝光这三种单色光以不同的比例混合可以得到任何一种色光,而这三种单色光都不能由任何其他的色光混合而成,因此将红光、绿光、蓝光称为色光的三原色。其代表波长由国际照明委员会规定,标准色光三原色为:红光(R)700 nm,绿光(G)546.1 nm,蓝光(B)435.8 nm。色光三原色的显色系统在印刷技术中,主要用于印前设计的屏幕显色系统中,其显色原理如图 7-8(a)所示。

色料本身由于是非发光物质,其颜色主要取决于对外来照射光的吸收与反射(或透射)。色料三原色为黄色(Y)、品红(M)、青色(C),这三种颜色都不能由其他的颜料混合而成,而通过色料三原色的不同配比可得到丰富多彩的显色效果。在印刷技术中,主要用于印刷油墨的叠色系统,其显色原理如图 7-8(b)所示。

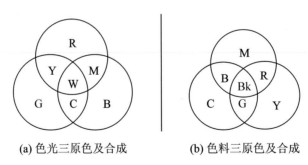

(a) 色光三原色及合成　　　　(b) 色料三原色及合成

图 7-8　色光、色料三原色及合成

2. 印刷通用色标(色谱)

印刷色标是用色料三原色(黄、品红、青)和黑色共四种颜色按不同的网点百分比叠印成的各种色彩色块的总和。其中包含从 0～100% 的网点百分比,基本以 10% 递增(减)进行单色、双叠色、三叠色、四叠色的色块展现。

3. 潘通色卡

潘通色卡是目前国际上非常流行的标准色卡。由于目前印前的色彩管理软件均支持潘通色卡标准,所以四色印刷在版面设计色块颜色时,只要选择一个潘通色卡的代码,计算机就会自动设置颜色的各自网点百分比,特别是对不同纸质的显色效果,给予了最为直观的色彩视觉。

第二节
印刷业务的洽谈

印刷业务员的工作在很大程度上代表的是企业文化与企业形象,同时也表现了自身的个人修养。一个合格的业务员应该语言表达清晰、举止得体、着装大方,特别是女性的仪态、着装更应庄重而不失典雅。

一、谈判场合的仪态

人的仪态通常呈现在公众面前的是坐、站、走三类。不同的体态具有不同的含义;相同的体态也往往具有不同的含义。业务人员不仅应当养成良好的体姿、仪态,给客户以良好的印象,而且应善于从客户的各种体姿与仪态中了解对方的真实意图。

一个好的业务人员给客户展现的首先应该是自信,不自信的人很难让别人对他产生信赖感。自信的表现在这里不是指动态而是以静态为主。下面针对坐、站、走及手势的基本要求谈谈印刷业务员应该注意的一些小节。

1. 坐姿

坐姿文雅,坐得端庄不仅给人以沉着、稳重、冷静的感觉,而且是展现自己气质与风范的重要形式。
良好的坐姿如下。

① 款款走到座位前,如果是从椅子后方走近椅子,应从椅子左边走到座位前。

② 上体正直,轻稳坐下。重心垂直向下,腰部挺直。

③ 背向椅子,右脚稍向右撤,使腿肚贴到椅子边。双脚并齐,双膝应并拢或微微分开,可以根据情况向一侧倾斜;女士入座时,应整理一下裙边,将裙子后片向前拢一下,以显得端庄娴雅。入座后,双脚必须靠拢,脚跟也靠紧,女士一般不要架腿。

④ 手自然放在双膝上或椅子的扶手上。

在公共场合,女士可以尽情展现自己的风韵与魅力,但魅力与风韵需要得体地表现。而男性的气质与风度在很大程度上是通过尊重女性来表现的,这是现代文明社会的一大特征。男性应时刻不忘"女士优先"的原则,在出入门户与入座等场合灵活运用;当走在狭窄的过道或人多拥挤的地方时,女性应主动请男性作先导,以便让他们表现得绅士一点;一般当街行走时,男性走在车道一侧为宜;当通过旋转门时,女性应让男性先入,自己从后一格跟进;当女性携重物时,可礼貌地请随行男士代劳;当男性主动提出帮忙时,尽量给予表现的机会,否则多半会伤害男性的自尊。

2. 站姿

在公关场合最重要的是要具备正确的站立姿态。因为站姿是日常生活中正式或非正式场合第一个引

人注视的姿势。优美、典雅的站姿是人的不同气质与动态美的起点和基础。良好的站姿能衬托出美好的气质和风度。站姿的基本要点是挺直、均衡、灵活。

良好的站姿应当是以下各方面体态的综合表现。

① 平肩、直颈、两眼平视、精神饱满、面带微笑。

② 直立、挺胸、收腹。

③ 两臂自然下垂,手指自然弯曲。

④ 两腿要直,膝盖放松,大腿稍收紧上提;身体重心落于前脚掌,上体保持平直的状态。

⑤ 双脚分开,与肩同宽。

⑥ 站累时,将左脚收回,与右脚垂直,两脚间有少许空间,但上体仍须保持正直。

⑦ 男子站立时,双脚可微微张开,但不能超过肩宽。

⑧ 女子站立时,双脚应成"V"形,膝和脚后跟应靠紧,身体重心应尽量提高。

3. 走姿

良好的走姿如下。

① 步伐稳健、自然、有节奏感。女性着裙子时,力求与身份、场合协调,裙长不宜太短。

② 上体正直、抬头,两眼平视前方,精神饱满,面带微笑。

③ 两手前后自然协调摆动,手臂与身体的夹角一般在 $10\,°\sim 15\,°$。

④ 跨步均匀,迈步时,脚尖可微微分开,但脚尖、脚跟应与前进方向近乎成一条直线,避免"外八字"或"内八字"迈步。

⑤ 走路要用腰力,因此,腰要适当收紧,身体重心稍微向前。

⑥ 上下楼梯时,上体要直,脚步要轻,要平稳,一般不要手扶栏杆。

4. 手势

手是传情达意的重要手段和工具,业务人员要善于理解现代肢体语言,以判断客户手势的真实含义,然后决定自己如何反馈。如果客户双手自然摊开,表明他心情轻松,坦诚而无顾忌;如果客户紧攥双拳,说明他怒不可遏或准备"决战到底";如果客户以手支头,表明他要么对你的话全神贯注,要么十分厌烦;如果客户迅速用手捂在嘴前,显然他是觉得吃惊;如果客户用手成"八"字形托住下颏,是沉思与探索的表现;如果客户有抓耳挠腮之状,表明他有些羞涩或不知所措;如果客户手无目的地乱动,说明他很紧张,情绪难控;如果客户不自觉地摸嘴巴、擦眼睛,表明他十有八九没说实话;如果客户双手相搓,不是天冷,就是在表达一种期待;如果客户双手指尖相对支于胸前或下巴,是自信的表现;如果客户与你说话时,双手插于口袋,则显示出没把你放在眼里或不信任。人的姿态真可谓是千变万化,每个手势都可以传达出许多信息。随着我国印刷行业不断地与国际市场交流,我们还应了解不同国家的手势与行为习惯。

业务人员在使用手势语言时,有些地方是值得特别注意的。例如,当需要伸出手为他人指示方向时,切忌伸直一根指头,这是一种没教养的典型表现,一定要将五指自然伸直、掌心向上指示方向。在社交场合,更不要用手指指点点地与他人说话,因为这不仅是对他人的不礼貌,而且简直就是对对方的轻视。又如打响指是一些人在兴奋时的习惯动作,对于业务人员来说,如果有这种习惯也最好改掉。有人碰到熟人或招呼服务员,常常用打响指来表示,这常常会引起对方的反感,甚至厌恶,这不仅是对对方的不尊重,而且表明了自己不太严肃。

二、谈判的准备工作

20 世纪初的印刷业，由于文化教育的普及率极低，从事印刷工作也是从事文化的交流和审美的要求，因此被划入文化行业，是属于备受尊敬的白领阶层。一百多年来，随着文化知识的普及，印刷技术与艺术欣赏日趋完美地结合，人们在欣赏艺术产品的同时对印刷行业的从业人员也有了相应的审美需求，人们往往通过观察印刷从业人员来获得第一印象。观察的内容除了言谈举止，还有工作环境。同时对于不同场合的业务会谈，关注的角度与侧重面也各不相同。印刷业务员与客户见面交流通常分为三种不同场合，不同场合的准备工作应有所不同。

1. 客户上门面谈时应做的准备工作

印刷业务员在预约的客户到达之前，要十分注意自身的工作安排，不要等客户已经到达，自己因为手上还在做着其他的工作而难以脱身，以至于给客户一种做事不干练或顾头难顾尾的印象。同时，让顾客有不被重视的感觉，会使顾客联想到待人如待事，心已凉了半截。很多时候，我们不要简单地看待一两个顾客的流失，服务好了一个客户，也许会带来一群客户。企业的每一个客户，实际上都是企业的口碑，口碑代表了信赖，口碑代表着客源，客源代表的是企业的业务来源。

客人进入洽谈室，进行有关业务的探询时，注意礼貌待客，热情讲解。在交谈过程中注意不要跷着二郎腿或两腿张开。切忌夏季天热，把鞋脱了光着脚丫；冬天穿着运动鞋，把鞋脱了架起来透气。女士穿夏装时，要注意脖子以下的打扮。女士上身不要穿露背装或背心，以避免引起客户不必要的注目，影响正常的业务交流。

在与客户交流时，为了体现自己的诚恳，坐姿应注意上身略微前倾。说话激动时，动作不要夸张；有不同观点时，也要注意心态平和、举止文雅。

2. 去客户方洽谈时应做的准备工作

作为业务人员，赴约面见客户时，就像打一场战争。所谓不打无准备之战，说的就是准备工作的重要性。首先应了解客户的经营范围，其生产的产品属于什么行业，在同行中处于什么水平，企业文化有何特色。因为印刷品在表达产品信息的同时，实际上对企业已经自觉或不自觉地有一个相应的定位。

印刷业面对的客户千差万别，几乎涵盖所有的文化层次人群。不同的文化修养，待人接物的风格截然不同，所欣赏的角度也会不同。

当客户是政府机关时，业务员的服饰应简洁大方，不能着奇装异服。夏季有人习惯穿拖鞋、背心到处行走，还有些人喜欢把头发染成五颜六色或烫成爆炸式发型，这都不适合政府部门的办公场所。

当客户是小企业或一般性业务公司时，业务员的服饰不宜太正式，西装革履会让客户产生距离感，特别是报价时，容易让客户产生报价过高的担心。因此，服饰应大众化，应以显示亲和力为宜。最好干净利落，不要过于复杂。特别是女士的服饰，装饰性配饰太多会使人眼花缭乱，不适宜集中思维谈正事。

入会客室要集中精力听、说、记。当进入客户的办公场所，需要等待相关客户到齐之时，注意不要左顾右盼，不要窥视客户其他工作场所，因为这样做有失礼节。在等待期间，不要走来走去或高声打电话，吸烟的人，应询问有无吸烟场所。进入客户洽谈场所后，首先是以听为主，认真听取客户的要求，做好相应的记录，此时其他事情应一概放在一边，包括电话接听、抽烟、同伴间的闲聊等，以此表示对客户的尊重。没有听清楚或还没有领会客户的意图时，最好不要随便打断客户的话。等客户把话说完后，逐条逐项地进行询问，不能有急躁情绪。询问时注意手的摆放，切勿用手指直指对方，这是很不礼貌与不文明的行为。

当要去面对顾客时,无论场合选在何处,都要充满自信。如果总是觉得自己丑陋不堪,眼也不敢抬,胸也不敢挺,话也说不顺,那就不必去谈了,谈了也是白谈。对自己都没有信心,顾客还有与你进一步商谈的必要吗?因此,心理素质的准备是谈判的基础。

3. 在非双方所在地洽谈的准备工作

当双方约定的地点既不是甲方所在地,也不是乙方所在地时,为了便于客户对印刷企业的了解,应注意带些企业相关资料或类似的印刷产品,因为企业产品的说服力要远远高于语言。

约见的时间应根据南北方的工作习惯确定。我国南方由于白天天气炎热,习惯于晚睡晚起,因此应尽量避免在早晨约见;北方由于夜晚天寒地冻,再加上北方地区往往天亮较早,习惯于早睡早起,因此应尽量避免在晚间约见。

为了礼貌起见,注意尽量守时,无论什么原因,不守时就很可能意味着谈判的失败。看似很简单的准时约见,其实代表着个人的工作态度与信用,以及对客户的重视程度。

三、谈判的目的和筹码

1. 自己的目的是什么?

谈判肯定是为一个目的而来的,获得利润是每一个企业谋求发展的基本准则。业务有大有小,利润有高有低,有的业务是纯加工服务型,有的业务可以达到锻炼的目的,既练技术能力,也练管理水平。一个企业的业务不可能全部是简单加工或全部是复杂加工,在谈判时,应将本企业的宗旨牢记在心。业务开展是长久的,建立客户网络是关键,把握每单业务基本保证企业的正常利润即可,在面对特殊大客户或有潜力的客户时,有时需要做出亏损的决定,当然这种亏损应该在企业接受范围之内。提高市场占有率、积累广大的客源,是企业发展的根本保障。

1)加工利润

分析客户的信息,通常在掌握资料达40%~70%时是谈判的最佳时机。信息量太少,难以把握谈判的氛围;信息量太多,也没有谈判的必要,直接切入主题即可。谈判的空间有时候就是利润的空间,利润主要取决于加工的技术含量、客户对品质的需求、企业的管理成本等。因此,在权衡这些因素的基础上,才能形成报价。简单且大众化的加工程序的利润是透明的,没有谈判的空间,而加工程序越多、加工技术难度越大的产品,就越容易为企业带来利润。

2)锻炼能力,提高声誉

如果客户是一个知名企业,能服务于它的相关产品也是提升印刷企业自身生产水平的一个很好的途径。如果有客户问你做过哪些类型的印品,你首先想到的一定是加工某知名企业的产品,也许这次产品的加工并没有什么高难技术,但给知名企业加工会让客户感到你值得信任。因此,每一个印刷企业都希望有知名的企业成为它们的客户。知名企业对产品品质的要求也许比较高,但对印刷企业的业务人员和生产人员来说是一次锻炼的机会,同时也综合提升了企业的管理水平。

2. 谈判的筹码

1)印刷场地与设备

企业有大、中、小之分,一般的概念往往是以场地面积论大小。场地大,加工量大时有周转余地;场地小、空间局促则会影响企业所接业务的规模。

设备的数量与质量决定了加工的能力与品质。人们常说"巧妇难为无米之炊",没有好的设备,就不能生产出好的产品。

因此,企业的生产场地决定批次生产的数量;印刷设备则决定产品的品质。企业在这两方面有什么优势,业务人员应有清楚的认识。

2)人才结构

所谓人才指的就是能人,形成企业人才架构的能人有多种。

(1)技术能手。

机器的主要操作人员如果是一个高级技师或者好的工艺设计人员,会使设备的操作效率达到最佳,产品的质量就有保证。技术能手如果有独特的技术能力,能做别人做不了的事,那更是企业超越其他竞争者的有利条件。

(2)采购高手。

采购高手指能够采购到不易采购到的物品,且这些物品又具有比较高的性能价格比。

3)管理水平

(1)领导水平。

印刷企业绝大部分是私营或股份制性质的企业,从某种意义上来说,领导个人的形象、声誉在很大程度上影响着企业的形象与声誉。老板的待人处事之道对企业的文化氛围有着非常重要的影响。

(2)管理架构。

企业的管理体系与企业的发展有着密切的关系,现代企业就应有现代的管理方法。家族式企业,在一定的条件下也有其优越的地方。只要能够充分调动每个人的智慧,同心协力、各尽其职,都不失为一种好的选择。

一般企业规模越大,管理体系也越大,管理成本总支出也会相应增人,但在保证物有所值方面,人企业的名声有时候被看得比利益更重要。因此,一个有完善管理体系的印刷企业在质量保证方面会更胜一筹。

四、付款方式

1. 预付款

预付款有多种含义,分别如下。

① 客户的诚意:付款后,客户诚心要与卖方合作。

② 承担风险:无论合作是否愉快、成功与否,买卖双方都已付出,买方付出预计成本的一部分,卖方承担另一部分,或者是买方承担材料成本,卖方承担加工成本。

③ 约束机制:价格谈定。卖方在收预付款之后不能再就价格与买方商谈,即使卖方因出现预算失误而注定亏损也不能违约。当卖方收到预付款时这单生意才能算真正属于自己,也许买方后来发现选错了对象,但这时合同已生效,双方都没有反悔余地。

预付款的每一种含义,都代表着买卖双方各自操纵的筹码,什么时候出、出多少,这里面还有许多学问;是按常规做法还是按特例,这里面也有讲究。所谓常规做法,是指本行业流行的预付比例。行业与行业有

所不同,例如,国际贸易预付款一般为 10％～15％,建筑工程预付款为 30％左右。那么印刷行业也有自己的行业规范,一般在 30％～50％。当印刷品的工序较简单,并且外购材料成本为主要成本支出时,预付款为 50％左右;当印刷品的工序较为复杂,材料成本占总成本比例较小时,预付款为 30％左右,但这时应注意工期的长短,只要理由正当,都可以作为谈判的条件。

当然,也有不收预付款的情况,如双方互相有充分的信任或卖方不惜冒所有风险的情况。

2. 结算

谈判在很多时候不能只看"开场白",结果是检验双方目的能否达到的唯一标准。经济与社会的发展为现实带来了越来越多的不确定性,特别是印刷产品技术与艺术的双重性,更加剧了印刷的生产者与客户之间因所站角度不同的矛盾。因此,除技术参数要有准确的表达之外,艺术的评判标准也一定注意用文字方式表达清楚或以某类样板为基准,偏离多少为不合格都要表述清楚,即将感性的因素尽量用数值来表达。

结算有如下多种形式。

① 在卖方结算:一手交钱,一手交货,这是卖方最理想的结算方式。对买方来说,现金数量的多少,对安全性会有所考虑,随着银行交易的方式越来越便捷,现金交易也越来越不被提倡。

② 支票入账后出货:一种对卖方有利的结算方式,但买方有时会嫌麻烦。无论是去银行划账,还是网上付款,在没有确定产品是否合格时,买方大多不愿意这样做。但等买方验货后支票入账,必然有一个时间差,通过网上银行快速便捷的付款方式,可以解决这个矛盾。因此,建立网络交易平台是企业交流的一个重要手段。

③ 提货数天后再付余款:一种对卖方不利的结算方式。即便这单业务价格高到余额款项是卖方利润的全部,但货已到客户手里,卖方已失去制约的地位,一切受制于客户。守信誉的客户,会在若干天后按合同付款;不守信誉的客户,付与不付、付多少则无法确定。再熟悉的客户,都有可能拖欠货款,所谓的若干天后付款,有可能是若干年。即使可以通过法律手段来解决,但对印刷企业的正常运转会产生很大的负面影响。

④ 提多少货,付多少款。印刷品的制作,有时候复制量是以十万、百万计。当客户的印刷量非常大时,这样的结算方式也较为常见。关键注意以下几点:一是客户的可靠性;二是总量金额与批量金额之比不能太大,如订 10 万本书,先提 5 000 本,同时付 5 000 本的结算费用,此时卖方风险非常大;三是如果总价金额本来就不大,如在 10 000 元以内的货款还要分批付款,则有可能是买方付款能力不够。

⑤ 预约结算周期。有些客户业务量较多,但印数较少,时不时有些小单,又不愿笔笔单独清算,而是买卖双方合作结盟,定期结算。随着企业规模的不断扩大,双方建立稳定、长期的合作关系也无可非议。卖方不用到处寻找新的客源,买方也不用总是考量卖方的质量体系是否达标。这是有利的一面,但也有不利的一面。对卖方来说,随着业务量的增加,成本的支出可能超出了自己的经济承受能力。一旦资金链断裂,该如何弥补?这是存在极大风险的。对买方来说,与卖方的合作已经习以为常,重要与不重要的业务一样交给卖方制作,一旦卖方没有能力承担或承担下来达不到理想的效果,重新制作也来不及了。买方的宣传工作已经做好了,产品还没有包装,错过了上市的时机,将会产生重大的损失。因此,周期结算,要慎之又慎,平时也要加强交流,彼此加深了解,才有可能不出意外。最好是周期开始不要太长,根据合作的情况逐步调整。

第三节
印刷业务合同

一、合同的定义

合同是两方或多方为经营事业或在特定的工作中,规定彼此权利和义务所制定的共同遵守的条文。

条文从字意理解,似乎一定是文字的体现。但合同一词不仅适用于正式的法律文件,而且适用于其他口头达成的含有客户要求的订单、报价或其他与彼此权利、义务有关的任何文件。因此合同的构成有主合同、副合同、补充合同、口头合同等。合同可以由买方起草,也可以由卖方起草。起草合同的一方,往往更多地站在自己的立场拟内容、讲条件,起草方常用主导的口吻,确定各项合同条款,另一方往往被动配合。至于合同之外的其他因素,在这种情况下,会因为人们惰性思维的存在而并没有被认真对待,一旦出现问题,往往会发现许多合同是不尽完善而漏洞百出的。

二、合同的要素

构成一份合同的主体要素是什么呢?签订合同时要注意哪些要素呢?

印刷业务合同是经营类合同的一种,合同要素主要有三部分:必备要素、选择要素和约定要素。

1. 必备要素

必备要素在合同中主要以条款形式列举出来,在明示的条款中又分企业信息与产品信息。企业信息包括甲乙双方单位的名称、地址、网址、电话、邮箱等。产品信息包括产品名称、产品规格、数量、材料规格、品牌、质量标准、印刷用色规定、加工要求及产品包装要求、交货时间、交货地点、加工单价及总额(包括大写、小写)等。另外,根据各地习惯,单价分为含税单价、不含税单价应予以注明。

2. 选择要素

选择要素供当事人在签订合同时根据实际情况选择使用,例如合同签订的地点、异地运输的运费及保险费、预付定金的比例、付款方式与结算方式、合同纠纷的仲裁等。

1)合同签订的地点

合同签订地点的确定即法律管辖权属地的确定,即签约地点写甲(乙)方,那么发生纠纷时就在甲(乙)方所在的当地法院起诉。当出现经济纠纷时,是在甲方所在地签约还是在乙方所在地签约,这一点非常重要。如果是在甲方所在地签约,但签约地点写成乙方所在地,当甲方发生经济损失时,还要去乙方所在地法院起诉或应诉,这对甲方是非常不利的。很多人在签约时,并不在意这个选择,随着法律意识的不断增强,人们也越来越重视这个要素。

2)异地运输的运费及保险费

明确异地运输的运费及保险费由谁来出,验货地点在甲方还是乙方等。

3)预付定金比例

通常按照行业习惯,预付定金为印刷总金额的30%。对印刷工期较长、印刷工序复杂的印件,在制作过程中,为了避免印刷企业承担过大的风险,根据印刷制作的进度,应有一至两次的费用追加。例如,当完成印刷工序70%的工作量时,还应追加20%的费用,余款在交货时一并结清。

4)付款方式与结算方式

付款与结算是用现金、支票还是汇票,最好有一个明确的说明,以防买方利用支票或汇票通过银行划账的时间差进行欺诈。

3. 约定要素

约定要素是针对当事人在经济活动中的特殊要求而约定的甲乙双方共同遵守的承诺。例如:交货时间的违约责任;付款时间延迟需支付的滞纳金的比例;印刷加工质量没有达标时的处罚性措施,等等。特别是有些精品的加工,会有成品合格率的约定,当出现争议时,能帮助各方根据合同约定的标准解决验货问题。很多时候,如当客户验收货物时,会随便开一两个包装箱仔细查看印刷品的质量,当发现个别有问题的货品时,往往会很不高兴地指责印刷企业的业务人员,并对整批货品的质量表示怀疑。客户的心情是可以理解的,此时印刷企业的业务人员应沉着应对,提示对方再查看几箱,引导客户用概率统计的方法进行抽查检验,按合同约定的比例进行合格品计算,这样就很容易取得买卖双方的共识。如果没有这个约定,有时候容易出现各执一词、无法收场的尴尬局面。

由于我国有着几千年人治的历史,而法治起步较晚,在思维的定式里更多的是人情,还没有习惯性地将法理的思维运用到我们经济与生活的各个领域,似乎法治是法院和律师的事。在经济活动中普遍存在这样的现象,即合同中不写违约责任条款。这一现象产生的原因是多方面的,归纳起来主要有以下几点。

① 签订合同的承办人员缺乏法律知识,不知道合同条款中应写明违约责任——没有法律意识。

② 错误地认为对方是老关系、信得过,不写也不会有问题,写了反而伤和气,影响关系,归根到底是面子大于里子的思想在作祟。

③ 为给自己留条后路,免得将来自己违约了,反而对自己不利——怕搬起石头砸了自己的脚。

④ 当买卖双方砝码不对称时,人微言轻的一方不敢提违约责任,怕得罪对方——底气不足不敢提出自己的权利要求。

这些想法和做法都是错误的。规定违约责任不但可以保护合同当事人的合法权益,同时对当事各方都可以起到约束的作用,使各自都能够意识到违约对谁都不利,从而认认真真地履行合同,所以说这一条款绝对不能忽视。

针对以上四种原因,解决办法有如下几点。

① 补上法律这一课,帮助我们在以后的业务发展中,不会因合同纠纷而导致经济损失。

② 要清楚地认识到,经济领域中维护自己的权益比面子更重要。

③ 不要有私心,你越是想得到的,也许越是得不到;你越是不想遇到的事,有时偏偏轮到你。如果我们都释然一点,学一学蒙牛创始人牛根生"大舍与大得"的人生情怀,也许思维会开阔得多。

④ 很多时候人与人之间或团体与团体之间,都有某种素质的不对等,但是在合同的领域里,合同双方的权利与义务是平等的。

三、合同范本

印刷品加工合同范本如图 7-9 所示。

印刷品加工合同

编号：

甲方名称：＿＿＿＿＿＿＿＿＿＿＿＿＿＿　　乙方名称：＿＿＿＿＿＿＿＿＿＿＿＿＿＿

甲方地址：＿＿＿＿＿＿＿＿＿＿＿＿＿＿　　乙方地址：＿＿＿＿＿＿＿＿＿＿＿＿＿＿

电话/传真：＿＿＿＿＿＿＿＿＿＿＿＿＿＿　　电话/传真：＿＿＿＿＿＿＿＿＿＿＿＿＿

E-mail：＿＿＿＿＿＿＿＿＿＿＿＿＿＿＿　　E-mail：＿＿＿＿＿＿＿＿＿＿＿＿＿＿

联系人：＿＿＿＿＿＿＿＿＿＿＿＿＿＿＿　　联系人：＿＿＿＿＿＿＿＿＿＿＿＿＿＿

加工内容：

印刷品名称						成品数量		
成品尺寸			封面		P	内页		P
封面印色			封面用料			用料数量		
内页印色			内页用料			用料数量		
内衬用纸								
原稿/胶片		图片	张	文字稿	页		胶片	彩色样稿
印后加工	覆膜	烫金	压印	模切	其他		拼样图的绘制：	
装订方式	骑马订	胶装	精装	穿孔	YO 圈	穿绳		

检验标准及方法：＿＿＿＿＿＿＿＿＿＿＿＿＿＿＿＿＿＿＿＿＿＿＿＿＿＿＿＿＿＿＿＿

交货时间：＿＿年＿＿月＿＿日

金额（大写）：＿＿＿＿＿＿＿＿＿＿＿＿　　小写金额：＿＿＿＿＿＿＿＿

预付定金：＿＿＿＿＿＿＿＿＿＿＿＿＿＿＿＿＿＿＿＿＿＿＿＿＿＿＿＿＿＿＿＿＿＿

结算方式：＿＿＿＿＿＿＿＿＿＿＿＿＿＿＿＿＿＿＿＿＿＿＿＿＿＿＿＿＿＿＿＿＿＿

交货地点：＿＿＿＿＿＿＿＿＿＿＿＿＿＿＿＿＿＿＿＿＿＿＿＿＿＿＿＿＿＿＿＿＿＿

包装方式：＿＿＿＿＿＿＿＿＿＿＿＿＿＿＿＿＿＿＿＿＿＿＿＿＿＿＿＿＿＿＿＿＿＿

运输方式：＿火车、汽车、托运。运费、保险费由＿＿＿＿方承担。

违约责任：＿＿＿＿＿＿＿＿＿＿＿＿＿＿＿＿＿＿＿＿＿＿＿＿＿＿＿＿＿＿＿＿＿＿

解决合同争议的方法：＿＿＿＿＿＿＿＿＿＿＿＿＿＿＿＿＿＿＿＿＿＿＿＿＿＿＿＿＿

其他事项：＿＿＿＿＿＿＿＿＿＿＿＿＿＿＿＿＿＿＿＿＿＿＿＿＿＿＿＿＿＿＿＿＿＿

甲方代表签名（盖章）：＿＿＿＿＿＿＿＿　　乙方代表签名（盖章）：＿＿＿＿＿＿＿＿

签约地点：＿＿＿＿＿＿＿＿＿＿＿＿＿＿　　签约日期：＿＿年＿＿月＿＿日

图 7-9　印刷品加工合同范本

四、合同签订有关的法律责任

当合同中的各项条款拟定完毕,签字代表的身份难以保证法律效力的时候,必须加盖单位印章,以示合同主体性质。如果只签字不盖章,则一般确认签字人为法定代表人,也具有同等合同主体性质。如果无签字人,而盖单位印章,也视为具有同等法律效力。因此,单位合同章应谨慎对待,以防被人利用而给公司带来重大的经济损失。

第四节
纸张数量和重量的计算

平板纸的数量一般以令表示,令以下用方或印张表示,1 令等于 500 张全张纸。现在出版业和印刷业已习惯于以印张为单位。其关系式如下:

$$1 \text{ 令} = 500 \text{ 张全张纸} = 1\,000 \text{ 方} = 1\,000 \text{ 印张}$$

$$1 \text{ 印张} = 1 \text{ 方} = 0.5 \text{ 张全张纸} = 0.001 \text{ 令}$$

纸张的重量以定量和令重表示。定量又称克重,所谓克重,即指每平方米纸张的重量,其单位为 g/m^2。令重的计算公式如下:

$$令重(\text{kg}) = \frac{单张纸的面积(\text{mm}^2/张) \times 500(张) \times 定量(\text{g/m}^2)}{1\,000 \times 1\,000 \times 1\,000}$$

在纸张使用过程中,均以令为计算单位,但在购买中通常以吨为计算单位,这样就需要知道每吨纸折合多少令,即每吨令数,其计算公式如下:

$$每吨令数 = \frac{1\,000}{令重}$$

$$= \frac{1\,000}{\dfrac{单张纸面积(\text{mm}^2/张) \times 500(张) \times 定量(\text{g/m}^2)}{1\,000 \times 1\,000 \times 1\,000}}$$

$$= \frac{2 \times 10^9}{单张纸面积(\text{mm}^2/张) \times 定量(\text{g/m}^2)}$$

根据上述公式,各种规格纸张的每吨令数计算如下。

(1)787 mm×1 092 mm 规格的纸张:

$$每吨令数 = \frac{2 \times 10^9}{787 \times 1\,092 \times 定量} \approx \frac{2\,327}{定量}$$

以定量为 52 g/m^2、规格为 787 mm×1 092 mm 的纸张为例,代入上式得:

$$每吨令数 = \frac{2\,327}{定量} = 44.75 \text{ 令/t}$$

得出定量为 52 g/m^2、规格为 787 mm×1 092 mm 的纸张每吨出纸 44.75 令。

(2)850 mm×1 168 mm 规格的纸张：

$$每吨令数=\frac{2\times10^9}{850\times1\ 168\times定量}\approx\frac{2\ 014}{定量}$$

(3)889 mm×1 194 mm 规格的纸张：

$$每吨令数=\frac{2\times10^9}{889\times1\ 194\times定量}\approx\frac{1\ 884}{定量}$$

(4)880 mm×1 230 mm 规格的纸张：

$$每吨令数=\frac{2\times10^9}{880\times1\ 230\times定量}\approx\frac{1\ 847}{定量}$$

(5)787 mm×960 mm 规格的纸张：

$$每吨令数=\frac{2\times10^9}{787\times960\times定量}\approx\frac{2\ 647}{定量}$$

(6)1 000 mm×1 400 mm 规格的纸张：

$$每吨令数=\frac{2\times10^9}{1\ 000\times1\ 400\times定量}\approx\frac{1\ 428}{定量}$$

(7)900 mm×1 280 mm 规格的纸张：

$$每吨令数=\frac{2\times10^9}{900\times1\ 280\times定量}\approx\frac{1\ 736}{定量}$$

(8)890 mm×1 240 mm 规格的纸张：

$$每吨令数=\frac{2\times10^9}{890\times1\ 240\times定量}\approx\frac{1\ 812}{定量}$$

为使用方便,现将几种印刷纸张的换算列于表 7-1 中。

表 7-1　印刷纸张每吨令数速查表

定量/(g/m²)	规格/(mm×mm)	每吨令数/(令/t)	定量/(g/m²)	规格/(mm×mm)	每吨令数/(令/t)
52	787×1 092	44.75	55	787×1 092	42.30
	850×1 168	38.73		850×1 168	36.61
	880×1 230	35.51		880×1 230	33.58
	889×1 194	36.23		889×1 194	34.25
	787×960	50.90		787×960	48.12
	1 000×1 400	27.46		1 000×1 400	25.96
	900×1 280	33.38		900×1 280	31.56
	890×1 240	34.84		890×1 240	32.94
60	787×1 092	38.78	70	787×1 092	33.24
	850×1 168	33.56		850×1 168	28.77
	880×1 230	30.78		880×1 230	26.38
	889×1 194	31.40		889×1 194	26.91
	787×960	44.11		787×960	37.81
	1 000×1 400	23.80		1 000×1 400	20.40
	900×1 280	28.93		900×1 280	24.80
	890×1 240	30.20		890×1 240	25.88

续表

定量/(g/m²)	规格/(mm×mm)	每吨令数/(令/t)	定量/(g/m²)	规格/(mm×mm)	每吨令数/(令/t)
80	787×1 092	29.08	105	787×1 092	22.16
	850×1 168	25.17		850×1 168	19.18
	880×1 230	23.08		880×1 230	17.59
	889×1 194	23.55		889×1 194	17.94
	787×960	33.08		787×960	25.20
	1 000×1 400	17.85		1 000×1 400	13.60
	900×1 280	21.70		900×1 280	16.53
	890×1 240	22.65		890×1 240	17.25
115	787×1 092	20.23	120	787×1 092	19.39
	850×1 168	17.51		850×1 168	16.78
	880×1 230	16.06		880×1 230	15.39
	889×1 194	16.38		889×1 194	15.70
	787×960	23.01		787×960	25.05
	1 000×1 400	12.41		1 000×1 400	11.90
	900×1 280	15.09		900×1 280	14.46
	890×1 240	15.75		890×1 240	15.10
128	787×1 092	18.17	150	787×1 092	15.51
	850×1 168	15.73		850×1 168	13.42
	880×1 230	14.42		880×1 230	12.31
	889×1 194	14.71		889×1 194	12.56
	787×960	20.67		787×960	17.64
	1 000×1 400	11.15		1 000×1 400	9.52
	900×1 280	13.56		900×1 280	11.57
	890×1 240	14.15		890×1 240	12.08
157	787×1 092	14.82	200	787×1 092	11.63
	850×1 168	12.82		850×1 168	10.07
	880×1 230	11.76		880×1 230	9.23
	889×1 194	12.00		889×1 194	9.42
	787×960	16.85		787×960	13.23
	1 000×1 400	9.09		1 000×1 400	7.14
	900×1 280	11.05		900×1 280	8.68
	890×1 240	11.54		890×1 240	9.06
230	787×1 092	10.11	250	787×1 092	9.30
	850×1 168	8.75		850×1 168	8.05
	880×1 230	8.03		880×1 230	7.38
	889×1 194	8.19		889×1 194	7.53
	787×960	11.50		787×960	10.58
	1 000×1 400	6.20		1 000×1 400	5.71
	900×1 280	7.54		900×1 280	6.94
	890×1 240	7.87		890×1 240	7.24

续表

定量/(g/m²)	规格/(mm×mm)	每吨令数/(令/t)	定量/(g/m²)	规格/(mm×mm)	每吨令数/(令/t)
	787×1 092	7.75			
	850×1 168	6.71			
	880×1 230	6.15			
300	889×1 194	6.28			
	787×960	8.82			
	1 000×1 400	4.76			
	900×1 280	5.78			
	890×1 240	6.04			

第五节
平版印刷计价

一、印前计价方法

随着计算机的应用与普及,有相当一部分的印刷客户会采取电子文档的输入方式制作完成印前工艺的部分内容,甚至完成全部的工作内容而直接输出胶片打样,或直接制作 CTP(CTCP)印版。因此,在这个工作流程中,应根据自身工艺流程的需要,以工作量化的程序确定计价工序。

从印前工艺流程中的原稿类别进行分析,原稿不同,工作量与工作方式就会有很大的不同。

1. 以文字稿为主的计价

以文字稿为主的原稿通常是只有少量图片的稿件,即不足 10% 的版面图片工作量,一般以文字稿工作量计,见表 7-2。

2. 以图片稿为主的计价

以图片稿为主的原稿指插有少量文字或图文各占 50% 工作量的稿件,以图片稿工作量计,并规定每页图片不超过 3 幅,超过部分以每幅另收 20～30 元的图片处理费计算,见表 7-2。

3. 以线条色块为主的计价

以线条色块为主的稿件,一般以地图为例,地图稿件无论是否穿插图片,穿插多少图片,均以地图的制作难度为依据进行计价,见表 7-2。

4. 以数字文件(电子文档)为原稿的计价

若以数字文件(电子文档)为原稿,则视稿件的存入模式能否出片或输出 CTP 版材,根据修正工作量的大小,确定工序价格。

5. 平面构图设计与制作费的计价

平面构图的设计与制作在印前的工作流程中是完全不同的两个概念,往往在与客户的交流中不易使对方理解,甚至于相当一部分印刷业务人员也不易区分,但印刷设计人员却能够较为清晰地区分这两个概念。

主要是因为设计人员在平面构图的设计中渗入了设计师的艺术创意与灵感，体现了设计师的智慧与水平。因此设计师更注重艺术价值的体现，在计价中以设计费为主要部分，并根据设计水准或客户的艺术要求程度议价，普通稿件的设计费计价通常以16开为基准，为300～500元/页。而制作仅仅是根据一般要求将图文进行汇集，完成出片或打样工作，制作费为150～250元/页不等，见表7-2。

6. 彩色打样费的计价

彩色打样通常指出胶片后用机械方式打样，而且仅包含一次打样过程，其中套色(四色)打样的样张一般为5张。如果因特殊原因需多于5张时，则每张加收的幅面单价为1元/16开。因客户原因胶片出错，需重新输出胶片，并重新打样时，则应重新加收出片费与打样费，见表7-2。

随着印刷业的数字化发展，彩色数字打样的机型种类也越来越多，精度要求也各有不同。一般小幅面数字打样，即8开以下的打印机型，分辨率较为低下，色彩容易失真，因此价格也较为便宜。而大幅面的数字打样机伴随CTP设备出现，以看样、跟色为基准，特别是在使用了色彩管理软件之后，分辨率有了较大的提高。其幅面宽度在1米以内，打样精度高，色彩较为接近实际，以对开为例，每张为100元左右。

在设计与制作的费用中，均包含了一次彩色打样的费用，超出一次另外加收打样费用。

书刊文字类稿件，其价格中仅包含三次打样校对的费用，如果因客户原因超出三次，另外加收打样费用。

表7-2　印前计价参考

文字稿(32开)	图片稿(16开)	地图(4开)	商标设计稿(个)
纯中文8.0元/页	设计费300～500元/页	设计费1 200～2 000元/页	设计费500～1 000元/个
表格类12～20元/页	制作费100～150元/页	制作费1 000～1 500元/页	制作费200～500元/页
科技类10～20元/页	出片费50元/页	出片费200元/页	出片费50元/16开
外文类10～15元/页	彩打费20元/页	打样费80元/页	打样费20元/16开
	专色打样费100元/色		

7. 制(晒)版费用

制(晒)版费用见表7-3。

表7-3　制(晒)版费计价表

规　格	传统阳图PS版(含拼版费)	传统阴图PS版(含拼版费)	CTP版
全开	150元/块	200元/块	250元/块
对开	100元/块	150元/块	100元/块
四开	50元/块	80元/块	50元/块

二、印中计价方法

平版印刷的印中工艺流程为：拼大版—晒PS版、装印版—印刷。

1. 手工拼大版的计价方法

在一般情况下，一个对开印版由3套以内的胶片拼贴，不用单独计算费用，而由4幅(含)以上的胶片拼贴时，由于拼版难度增大，而且费工费料，特别是单页出片的套色胶片或32开、64开书刊稿件，均需另外加收手工拼版费用，根据套印精度的要求加收费用不同，以对开版为例，在20～25元/版。

2. 印刷费用的计算方法

印刷费用的计算分为两类。

① 当印刷张(套)数在 5 000 张(套)以下时称为短版,以开机费计,开机费含制版费在内,见表 7-4。

表 7-4　印刷开机费计价表

印刷色数	四　开	对　开	小　全　开	大　全　开
单色	100 元/块	200 元/块	300 元/块	400 元/块
双色	200 元/块	400 元/块	—	—
四色	400～600 元/套	600～1 200 元/套	800～1 500 元/套	1 000～1 800 元/套

② 当印刷张(套)数超过 5 000 张(套)时,则以每千印次计,即以色令计费:

$$1 色令＝500 张全开纸印 1 色＝1 000 张对开纸印 1 色$$

印刷色令的计价方式见表 7-5。

表 7-5　印刷色令计价表

平 版 胶 印				卷筒纸轮转机
项目	四色机	对开机	全开机	(含折页费)
单黑	20 元/色令	25 元/色令	40 元/色令	8 元/色令
彩色	30 元/色令	40 元/色令	80 元/色令	15 元/色令
金银墨印刷　1/4 面积以下	50 元/色令	60 元/色令	120 元/色令	—
金银墨印刷　2/4 面积以下	60 元/色令	80 元/色令	160 元/色令	
金银墨印刷　3/4 面积以下	90 元/色令	120 元/色令	240 元/色令	
金银墨印刷　3/4 面积以上	120 元/色令	160 元/色令	320 元/色令	
专色印刷　1/4 面积以下	50 元/色令	60 元/色令	120 元/色令	
专色印刷　2/4 面积以下	60 元/色令	80 元/色令	160 元/色令	
专色印刷　3/4 面积以下	90 元/色令	120 元/色令	240 元/色令	
专色印刷　3/4 面积以上	120 元/色令	160 元/色令	320 元/色令	
空印	8 元/色令	10 元/色令	15 元/色令	—
实地印刷	40 元/色令	80 元/色令	160 元/色令	—
金/银卡纸、玻璃卡纸	50 元/色令	80 元/色令	160 元/色令	—
200 g/m² 以上厚纸、40 g/m² 以下薄纸	40 元/色令	50 元/色令	100 元/色令	—
PVC 胶片	120 元/色令	160 元/色令	—	—
不干胶印刷	35 元/色令	50 元/色令	—	—

注:卷筒纸轮转机除单黑与彩色印刷外,其他印刷项目不能印刷。

三、印后计价方法

一个印刷企业不可能面面俱到、设备齐全,因此在印刷工艺流程的设置中,应根据自身的设备特性,制定有针对性的过程计价模式。无论是自身加工还是外包加工,遵循工艺流程(过程)的逐项累计,应特别注

意的是每一个项目都要分清材料费与加工费,加工费里又要分出制作费与人工费,不要出现遗漏计价项目的现象。

印后加工工艺流程为:上光—磨光—覆膜—烫金(制烫金版)—压印(制凸、凹或浮雕版)—模切(制模切版)—折、叠、粘贴成型(手工或机械)。

纸类表面的加工主要分为:

① 不需制版而进行的整体版面加工——通常以上机规格尺寸来计价;

② 需制版而针对局部加工——通常以面积(平方厘米)来计价。

1. 整体版面印后加工类的计价

整体版面印后加工类的计价见表 7-6。

单位:元/cm²

表 7-6　印后纸面加工计价表

规　格	覆 光 膜	覆 哑 膜	覆镭射膜	上　光	磨　光	上吸塑油
16 开	0.10	0.17	—	0.05	0.07	0.07
大 16 开	0.10	0.17	—	0.05	0.07	0.07
8 开	0.12	0.17	0.20	0.05	0.07	0.07
大 8 开	0.13	0.20	0.23	0.05	0.07	0.07
4 开	0.18	0.27	0.38	0.07	0.12	0.12
大 4 开	0.21	0.31	0.46	0.08	0.13	0.13
对开	0.30	0.43	0.76	0.14	0.17	0.17
大对开	0.35	0.48	0.93	0.15	0.19	0.19

注:① 以上表格中的价格仅针对一般厚度为 15~18 μm 的薄膜,如需要增加厚度,则另外加价 10%。

② 覆镭射膜的面积是 8 开及以上。

2. 烫、压加工计价

烫、压加工计价见表 7-7。

表 7-7　烫、压加工计价表

制版费(最低 10 元)			加 工 费	材 料 费	备　注
烫金版	金属铝版	0.1 元/cm²	0.02 元/次(最低 100 元)	烫金膜 0.001 元/cm²	烫金费=制版费+加工费+材料费
	金属铜版	0.3 元/cm²			
压凸版	树脂版	0.2 元/cm²	0.02 元/次(最低 100 元)	—	压凸(凹)费=制版费+加工费
	金属版	0.2 元/cm²			
浮雕版	金属铝版	3~4 元/cm²	0.02 元/次(最低 200 元)	—	浮雕费=制版费+加工费
	金属铜版	4~5 元/cm²			
压纹版	金属版	0.2 元/cm²	0.08 元/对开张数(最低 150 元)	—	压纹费=制版费+加工费

3. 模切费用的计价

模切费由模版费、模切加工费、软盒粘贴费组成,见表 7-8。

表 7-8　模切加工费计价表

规格	模 版 费		模切加工费		软盒粘贴费	
	普通版 /(元/块)	激光版 /(元/块)	普通卡纸 /(元/万次)	不干胶 /(元/万次)	手粘 /(元/万次)	机粘 /(元/万次)
4 开	30～100	200～500	100～200	150～200	120	60
对开	100～200	500～5 000	200～300	200～300	120	60
全开	200～300	—	—	—	—	—

(1)不足以上基本价格时,以基本价格计算。

(2)模切版的选择及加工费的价格浮动视下列因素而定:

① 当弧线的曲率大时,选择激光模切版;

② 当切口位要求质量较高时,选择激光模切版;

③ 当版内刀位多并复杂时,价格相对加高;

④ 版内小盒数量多达 10 个以上时,价格相对加高。

(3)大型软盒粘贴费视粘口位的数量递增,例如,粘口位有 2 处,则上述工价乘以 2;粘口位有 4 处,则上述工价乘以 4。

4. 书刊装订计价

书刊装订工序为:折页—配页—打捆、预压—骑马订装、锁线装、胶装—上封面。

书刊装订方式有很多种,具体计价见表 7-9。

表 7-9　书刊类装订计价表

	封 面 类		内页(含折页、配页、机装)		上 封 面	
精装	封面与纸板的裱糊面积＋纸板与环衬的裱糊面积	0.000 5 元/cm²	胶装	0.05～0.06 元/帖	贴纱布	0.10 元/个
					贴脊头布	0.10 元/个
	模版费	50～80 元/块	锁线装	0.07 元/帖	贴丝带	0.10 元/个
					封面起脊	0.50 元/个
	模切加工费	100 元/块起			上护封	0.10 元/个
假精装	封面与环衬的裱糊面积	0.000 5 元/cm²	胶装	0.05～0.06 元/帖	贴纱布	0.10 元/个
					贴脊头布	0.10 元/个
	模版费	30～50 元/块			贴丝带	0.10 元/个
			锁线装	0.07 元/帖	封面起脊	0.50 元/个
	模切加工费	100 元/块起			上护封	0.10 元/个
简装	200 g/m² 以上纸张另收	30～50 元/块	胶装	0.05～0.06 元/帖	有勒口:内页帖价×4	
	模版费		锁线装	0.07 元/帖		
	模切加工费	100 元/块起	平装	0.02～0.03 元/帖	无勒口:内页帖价×2	
骑马订	封面与内页用纸相同时,以帖数计:0.03 元/帖					
	封面与内页用纸不同时,封面纸当 1 帖单计:0.03 元/帖					

注:以上任何一个单项的工价累计不足 100 元时,以 100 元计。

5. 硬纸盒加工计价

硬纸盒加工计价见表 7-10。

表 7-10　硬纸盒加工计价表

硬纸盒的主体加工费			盒内附件加工费			其他加工费	
面纸	模版费	50～100 元/块	贴丝带	0.05 元/条	面纸内衬海绵加工	模版费	50～150 元/块
	模切费	150 元/万次	加磁吸	0.15 元/对		模切费	150 元/万次
	裱糊费	0.000 5 元/cm²	放内衬	0.10 元/个		裱糊费	0.000 5 元/cm²
灰板纸	模版费	50～150 元/块	有边框线位的硬纸盒　裱糊费			0.000 75 元/cm²	
	模切费	150 元/万次					
内衬纸	模版费	50～150 元/块					
	模切费	150 元/万次					
	裱糊费	0.000 5 元/cm²					
硬纸盒成型拼接费		0.10 元/拼	不规则的异形盒　裱糊费			0.000 75～0.001 25 元/cm²	
开窗式纸盒按窗口面积另加裱糊费		0.000 5 元/cm²					

注：以上任何一个单项的工价累计不足 100 元时，以 100 元计算。

6. 纸类礼品袋加工计价

纸类礼品袋加工计价如表 7-11 所示。

表 7-11　纸类礼品袋加工计价表

制　模　切　版		模切加工、粘袋、穿绳	备　　注
4 开	80 元/块	0.30 元/个	起点价 300 元
对开	150 元/块	0.38 元/个	起点价 380 元
全开	250 元/块	0.45 元/个	起点价 450 元

Yinshua Sheji yu Gongyi

第八章
平面设计实例与欣赏

尽管平面设计涉及的领域很广泛,但与印刷媒体相关的平面设计是一切设计的基础,因为设计最初都是从平面形式转化而来的。平面设计的概念是图形和色彩的二维形式展示。色彩的参与极大地丰富了二维设计内容和形式的多样性表现。

平面设计的特点是具有相当的稳定性,也就是说,一般情况下,在二维平面上,当确定了色彩的位置后,无论站在什么角度,它的效果都不变,这一点比三维和空间的色彩设计要简单得多。

在本章编写过程中,编者将学生时期学习的切身感受、长期以来设计教学的实践经验,与三十多年以来对印刷行业的深入了解和实践相结合,提出了商业印刷设计教学的新概念。

印刷设计应该从目的、从应用切入学习,告诉学生为什么要学习商业印刷设计及其应用价值,引导学生从学习印刷设计的方法入手,启发学生向传统、向大自然、向生活、向他人等学习以获得印刷知识,掌握扎实的印刷设计理论。

以下是本课程部分学生作业范例。

一、印刷设计与工艺课程作业范例——三折页设计

大16开三折页成品尺寸为210 mm×285 mm,印刷稿尺寸为216 mm×291 mm(含3 mm出血位)。四色印刷的彩色图片必须为CMYK四色模式,图片精度最小要达到300 dpi。以此为例让初学者制作一份符合印刷要求的设计稿。

三折页设计作品如图8-1所示。

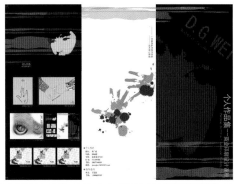
创意设计:邓广威　指导老师:万良保、肖婕

创意设计:柯秋暖　指导老师:万良保

创意设计:黄仁辉　指导老师:万良保

创意设计:姚子帆　指导老师:万良保

图8-1　三折页设计作品

二、印刷设计与工艺课程作业范例——包装结构设计

包装设计的难度在于它的结构关系复杂，其次是材料的选择、加工工艺的多样性。只要理解了其制作原理，了解印刷后期的加工工艺，再复杂的包装也是可以制作出来的。作为平面设计师必须了解这些基本要求。

包装结构设计实例如图 8-2 所示。

图 8-2　包装结构设计实例

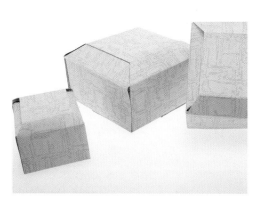

续图 8-2

三、印刷设计与工艺课程作业范例——包装设计

一件印刷品从设计到成品的完成,中间的工序比较多,印前工作是指在交付印刷之前的整体工序,牵涉的环节比较多,不单纯是软件应用的问题,还包含了电子文件的制作,也包含了菲林的输出和打样。

包装设计实例如图 8-3 所示。

创意设计:林慧怡　指导老师:万良保

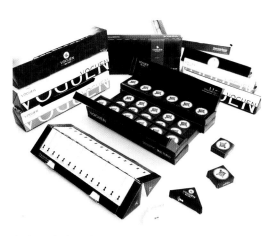
创意设计:姚子帆　指导老师:徐飞、万良保

创意设计:劳一锐　指导老师:张洁宜

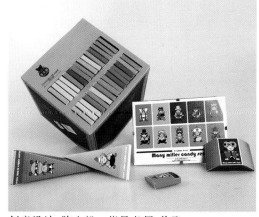
创意设计:陈少帆　指导老师:徐飞

创意设计:魏惠珍　指导老师:万良保

创意设计:林慧怡、邹嘉铭　指导老师:万良保

图 8-3　包装设计实例

创意设计:林颖怡

指导老师:万良保、肖婕

创意设计:李碧瑜

指导老师:万良保

创意设计:劳一锐

指导老师:肖婕、万良保

创意设计:劳一锐

指导老师:张洁宜、万良保

创意设计:陈少帆

指导老师:万良保、肖婕

创意设计:魏惠珍

指导老师:万良保、肖婕

创意设计:张淑敏

指导老师:万良保

创意设计:柳晓杰

指导老师:徐飞、万良保

创意设计:周成龙

指导老师:万良保

创意设计:黄仁辉

指导老师:胡晓霞、万良保

创意设计:黄仁辉

指导老师:徐飞、万良保

续图 8-3

四、印刷设计与工艺课程作业范例——书籍结构设计

书籍装帧设计是书籍的整体设计,首先要对其进行结构分析,封面、封底、书脊展开后同属一个平面,设计制作之前先画一个简单的平面结构尺寸图,标注尺寸,为后期检查做准备。

下面以大 32 开为例来介绍。

成品尺寸:130 mm×203 mm。

印刷稿尺寸:136 mm×209 mm。

书籍厚度:12 mm。内页总页数:268 页。

封面封底纸张:250 g(889 mm×1 194 mm)双铜纸,四色印刷。

内页纸张:80 g(850 mm×1 168 mm)胶版纸,单色印刷。

书籍结构设计实例如图 8-4 所示。

图 8-4　书籍结构设计实例

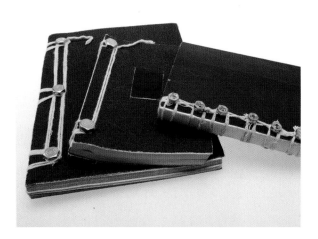

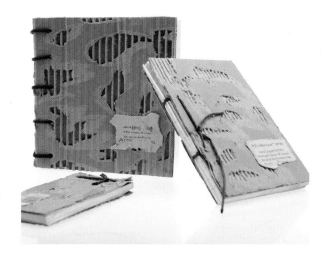

续图 8-4

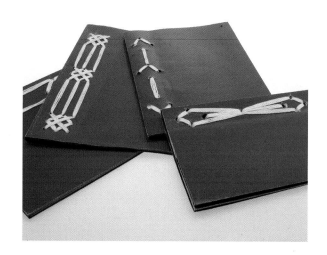

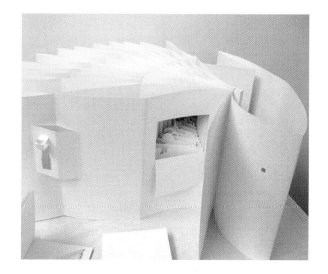

续图 8-4

五、印刷设计与工艺课程作业范例——刊物设计

刊物设计实例如图 8-5 所示。

创意设计:邓广威　指导老师:胡晓霞

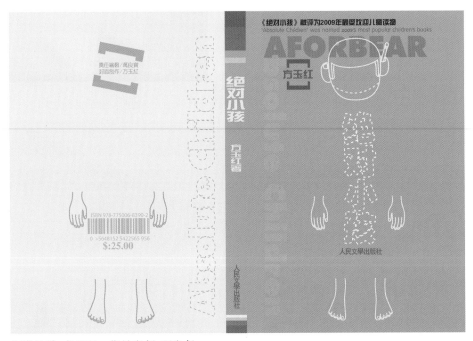

创意设计:方玉红　指导老师:万良保

图 8-5　刊物设计实例

创意设计:邓广威　指导老师:万良保、胡晓霞

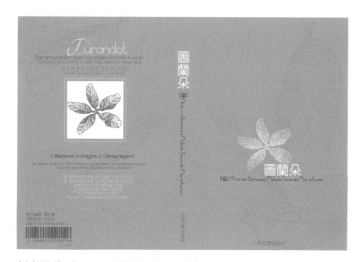

创意设计:方玉红　指导老师:万良保

创意设计:方玉红　指导老师:万良保

续图 8-5

创意设计:邓广威   指导老师:万良保、胡晓霞

创意设计:万靓   指导老师:万良保

续图 8-5

六、印刷设计与工艺课程作业范例——海报设计

海报又称招贴,其结构比较简单,适合张贴的海报一般为单面印刷,从结构上说,海报是最简单的一种

印刷品,后期加工只需要裁切四边即可。海报设计实例如图8-6所示。

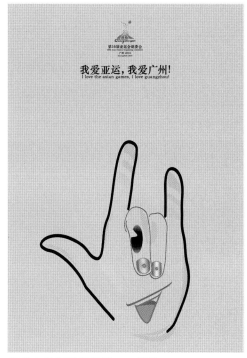

广东之星创意设计奖　一等奖

设计:邓广威　指导老师:万良保

DAF"反对皮草贸易"国际大学生设计大赛

参赛作品

创意设计:万靓　指导老师:万良保

广东之星创意设计奖　一等奖

创意设计:林颖怡　指导老师:万良保

图8-6　海报设计实例

艾滋病日公益海报创意设计大赛　一等奖

创意设计:全苗　指导老师:万良保

广东之星创意设计奖　一等奖

创意设计:陈新明　指导老师:万良保

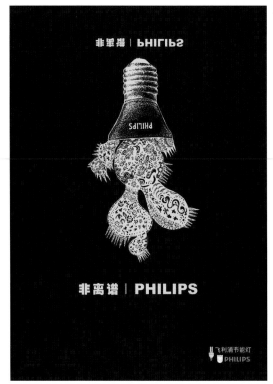

广东之星创意设计奖　一等奖

创意设计:何婉君　指导老师:万良保

续图 8-6

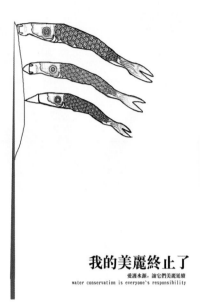

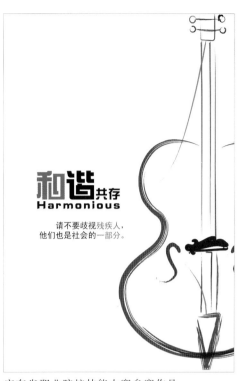

广东之星创意设计奖　一等奖

创意设计:张泳梅　指导老师:万良保

广东省职业院校技能大赛参赛作品

创意设计:林慧怡　指导老师:万良保

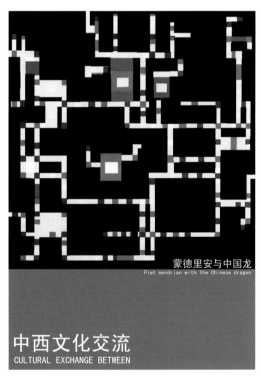

中西文化交流展海报设计

创意设计:万靓　指导老师:万良保

续图 8-6

全国大学生广告艺术大赛　三等奖

创意设计:朱梓恺　指导老师:万良保

广州番禺职业技术学院职业技能大赛　一等奖

创意设计:劳一锐　指导老师:玄颖双、肖婕

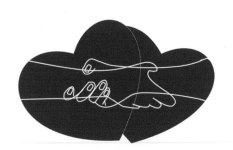

8·12

风雨同舟　心脉相连

2010广东省职业技能大赛·广告设计大赛学生组参赛作品

创意设计者:魏惠珍　指导老师:玄颖双、肖婕

续图 8-6

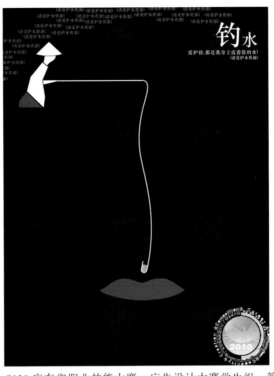

2010 广东省职业技能大赛·广告设计大赛学生组 第一名
创意设计:郑昌玖 指导老师:张来源、万良保等

2010 广东省职业技能大赛·广告设计大赛
学生组 第二名
创意设计:邹嘉铭 指导老师:万良保、张来源等

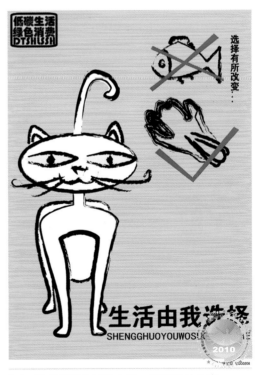

2010 广东省职业技能大赛·广告设计大赛
学生组 第五名
创意设计:陈少帆 指导老师:徐飞、黄翊、玄颖双等

续图 8-6

2010 广东省职业技能大赛·广告设计大赛学生组参赛作品
创意设计:谢泽楷　指导老师:黄翊、玄颖双等

2010 广东省职业技能大赛·广告设计大赛学生组参赛作品
创意设计:吴思寅　指导老师:玄颖双、黄翊等

续图 8-6

2010 广东省职业技能大赛·广告设计大赛学生组参赛作品
创意设计:梁然然　指导老师:徐飞、万良保等

2010 广东省职业技能大赛·广告设计大赛学生组参赛作品
创意设计:刘楠　指导老师:万良保、徐飞等

续图 8-6

2010 广东省职业技能大赛·广告设计大赛学生组参赛作品

创意设计:吴艳洁　指导老师:黄翊、玄颖双等

2010 广东省职业技能大赛·广告设计大赛学生组参赛作品

创意设计:吴思寅　指导老师:玄颖双、黄翊等

续图 8-6

2010 广东省职业技能大赛・广告设计大赛学生组参赛作品

创意设计：石榴　指导老师：万良保、黄翊等

2010 广东省职业技能大赛・广告设计大赛学生组参赛作品

创意设计：彭林涛　指导老师：张来源、玄颖双等

续图 8-6

2010 广东省职业技能大赛·广告设计大赛学生组参赛作品
创意设计:彭超　指导老师:徐飞、黄翊等

2010 广东省职业技能大赛·广告设计大赛学生组参赛作品
创意设计:陈思　指导老师:万良保、玄颖双等

续图 8-6

[1] 仲星明,耿凌艳.印刷设计[M].上海:上海人民美术出版社,2006.

[2] 叶重光,叶朝阳.印刷出版插图与版式设计[M].北京:印刷工业出版社,1996.

[3] 刘丽.印刷工艺设计[M].武汉:湖北美术出版社,2002.